播音主持专业十二五规划教材・21世纪播音主持专业训练教材

播音员主持人
化妆造型

◉ 白　雪　编著

中国传媒大学出版社
・北京・

彩图 1　梳理

彩图 2　刮

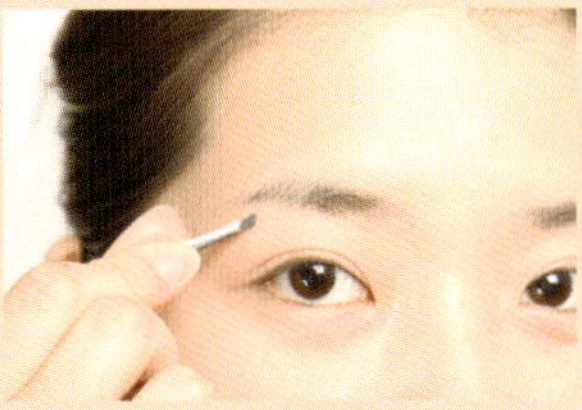
彩图 3　拔

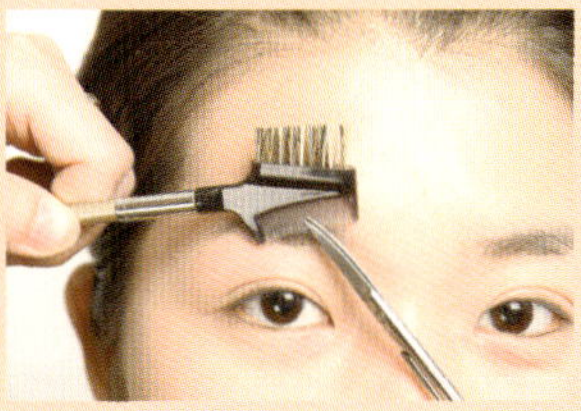
彩图 4　修剪

彩图 5　眉笔描画步骤

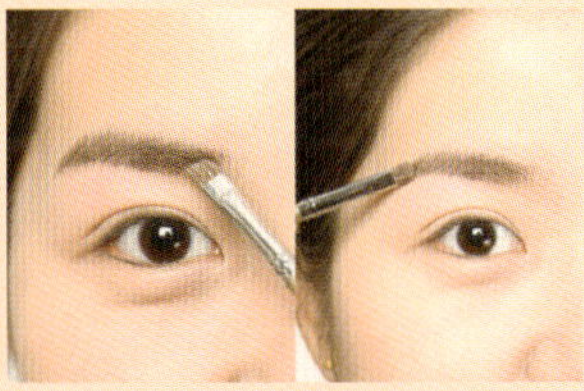
彩图 6　眉粉描画步骤

彩图 7　擦

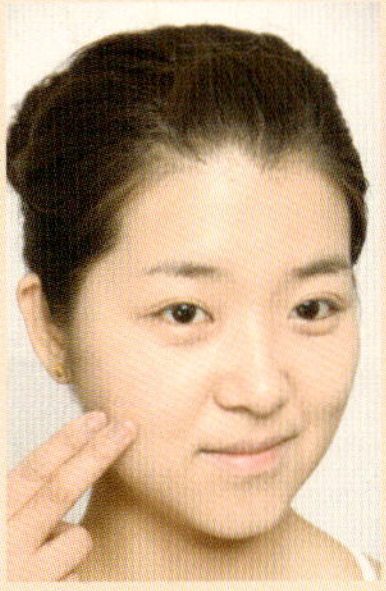
彩图 8　点

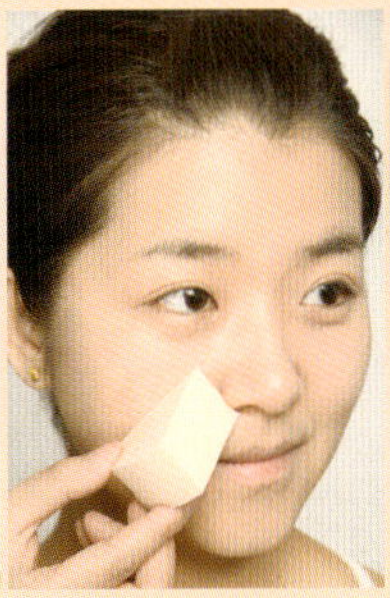
彩图 9　按

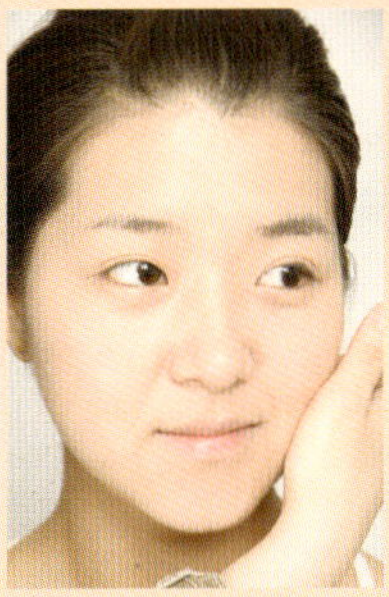
彩图 10　揉

彩图 11　压

彩图 12　刷

彩图 13　步骤一

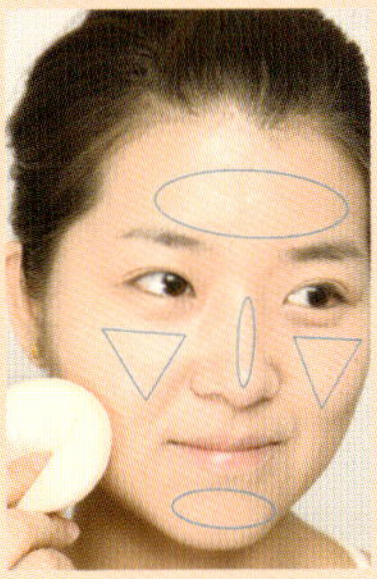
彩图 14　步骤二

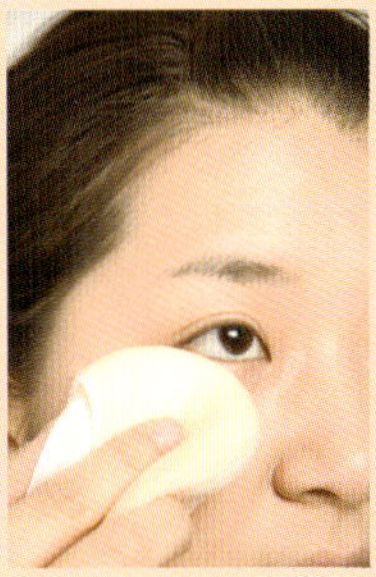
彩图 15　步骤三

彩图 16　步骤四

彩图 17　步骤五

唇部化妆步骤

彩图 18　唇部化妆步骤

眼影画法步骤

彩图 19　平涂法眼影效果

彩图 20　平涂法步骤

彩图 21　倒勾法眼影效果

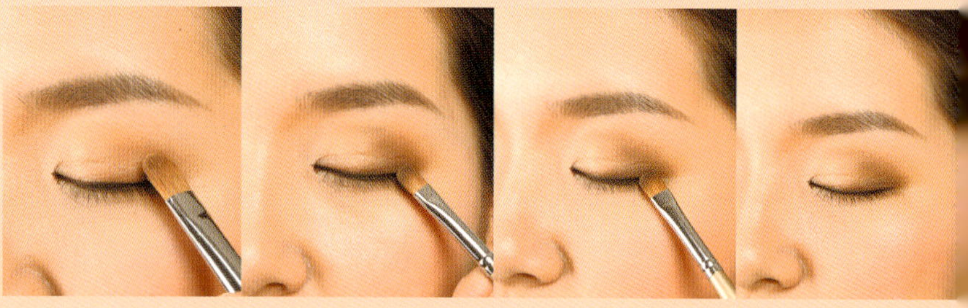

彩图 22　倒勾法步骤

彩图 23　瞳孔法眼影效果

彩图 24　瞳孔法步骤

彩图 25　步骤一

彩图 26　步骤二

彩图 27　步骤三

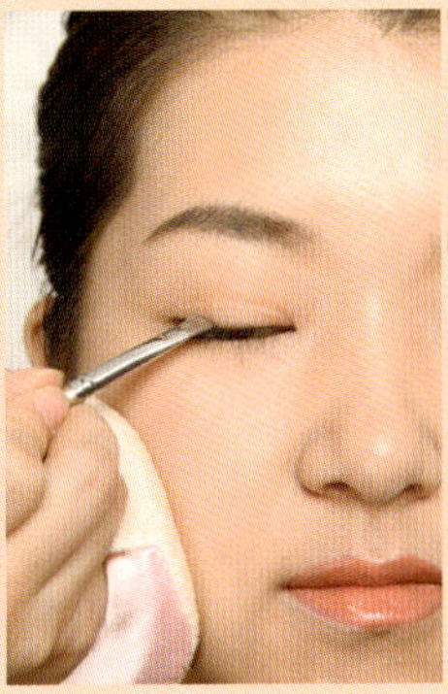

彩图 28　步骤四

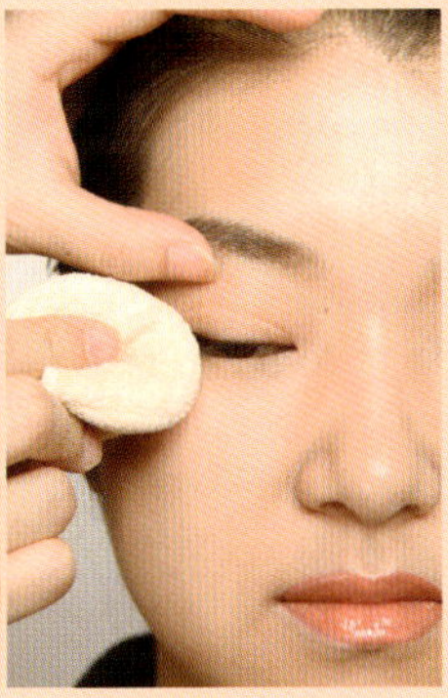

彩图 29　步骤五

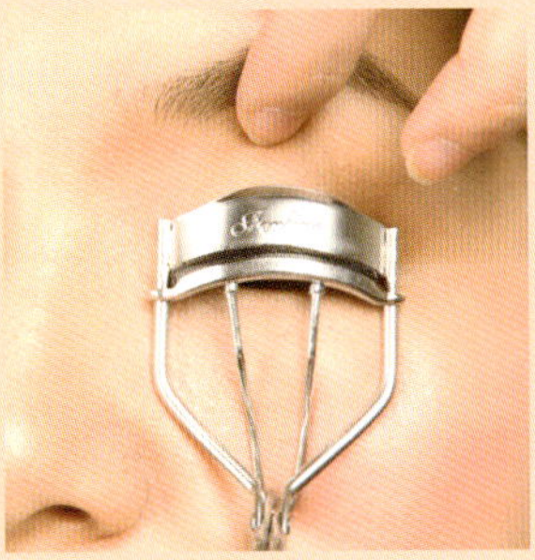

彩图 30　步骤一

彩图 31　步骤二

彩图 32　步骤三

彩图 33　步骤四

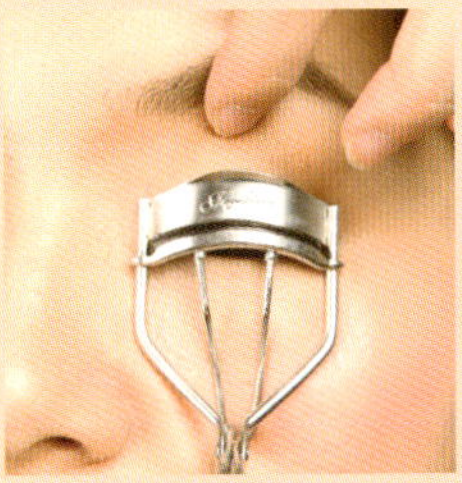

彩图 34　步骤一

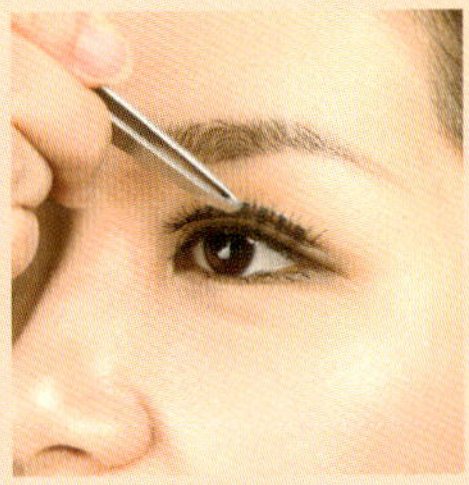

彩图 35　步骤二

彩图 36　步骤三

彩图 37　步骤四

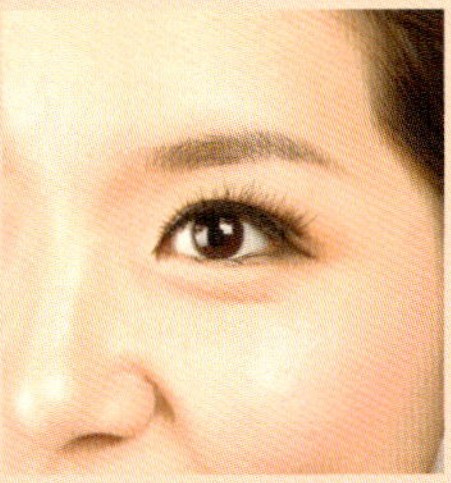

彩图 38　步骤五

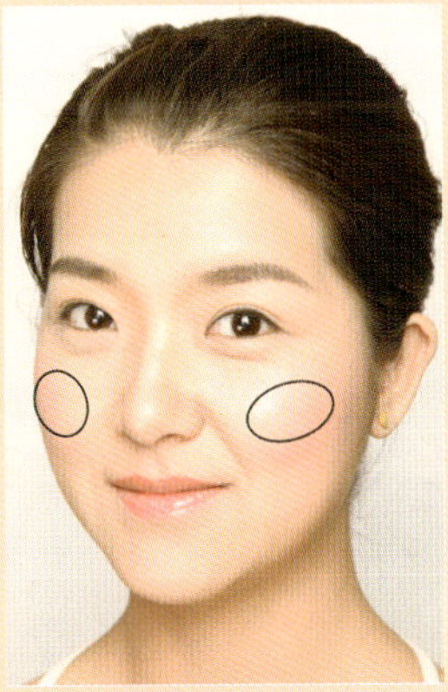

彩图 39　肌肉打法

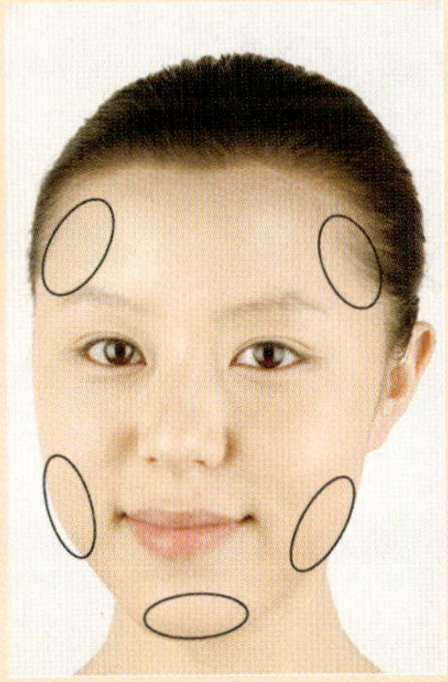

彩图 40　烘托打法

彩图 41　特殊造型打法

彩图 42　创意打法

面部妆容的色彩搭配

彩图 43　协调柔和妆面

彩图 44　强调眼妆妆面

彩图 45　强调唇妆妆面

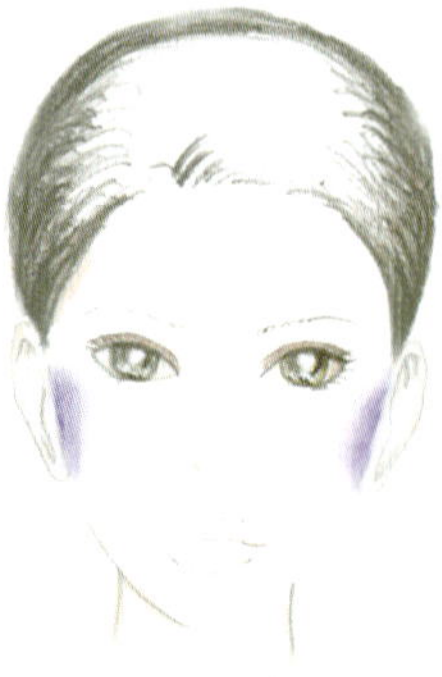
彩图 46　强调腮红妆面

脸形的矫正方法

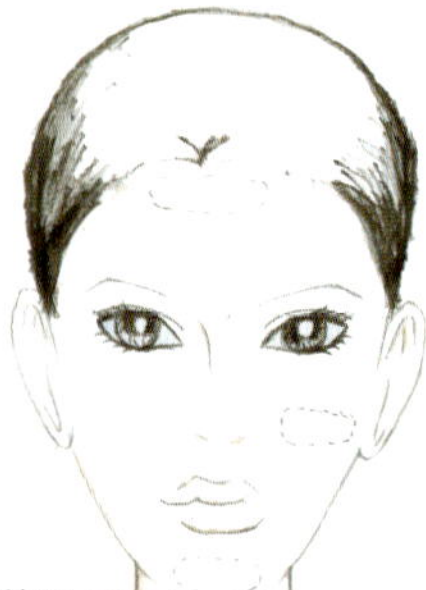
彩图 47
高光色的施打范围

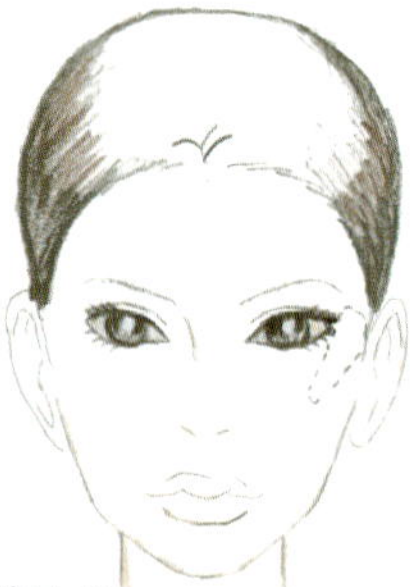
彩图 48
阴影色的施打范围

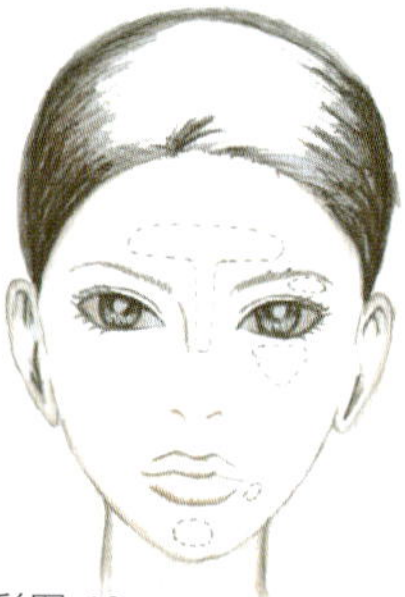
彩图 49
圆形脸的腮红矫正

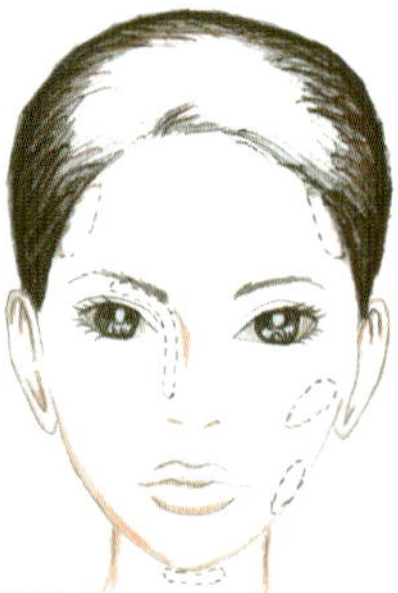
彩图 50
长形脸的腮红矫正

彩图 51
棱角形脸的腮红矫正

眼形的矫正方法

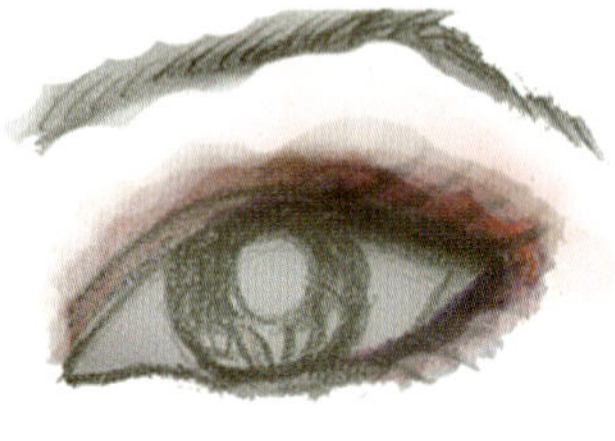
彩图 52　凤眼的妆容矫正

彩图 53　下垂眼的妆容矫正

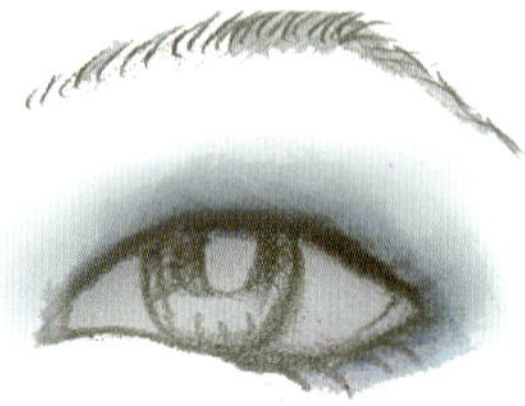
彩图 54　肿眼的妆容矫正

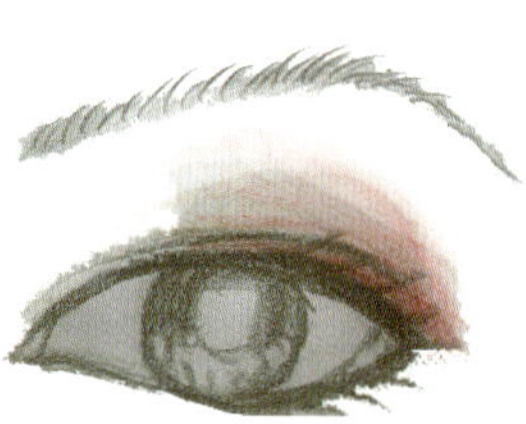
彩图 55　凹眼的妆容矫正

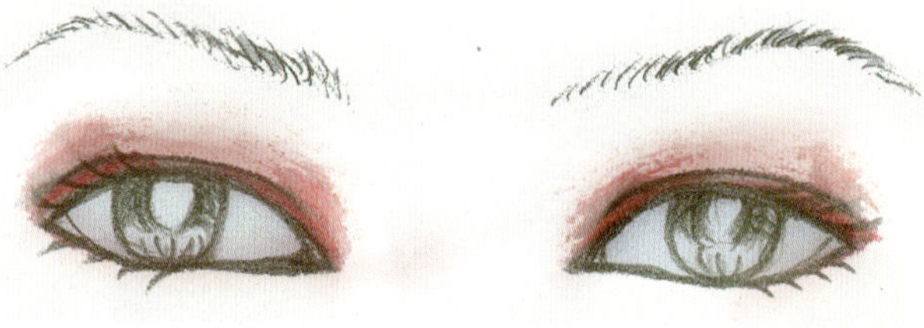
彩图 56　间距远眼的妆容矫正

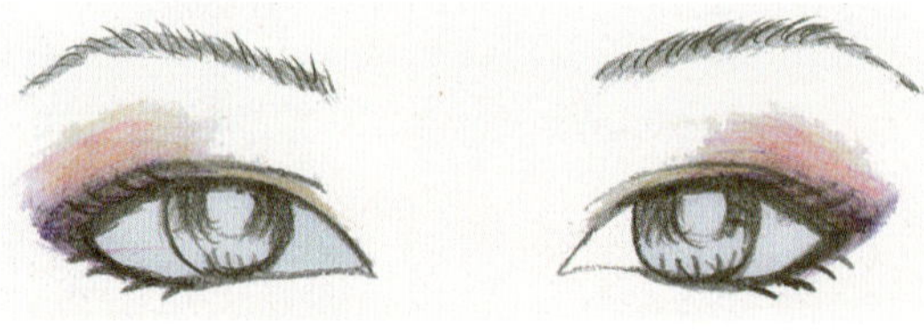
彩图 57　间距近眼的妆容矫正

彩图 58　小眼睛的妆容矫正

彩图 59　大眼睛的妆容矫正

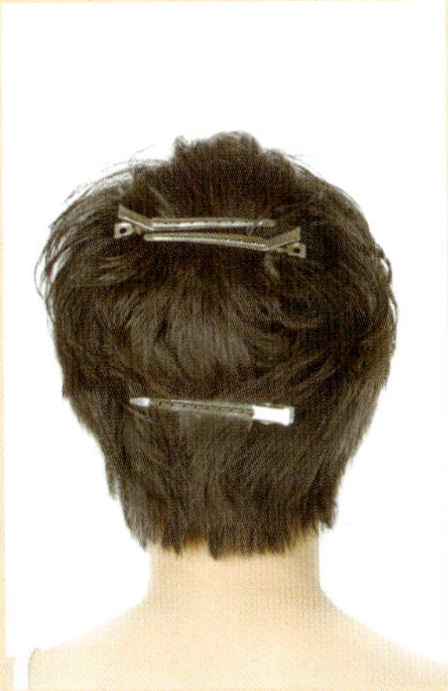

彩图 60　步骤一

彩图 61　步骤二

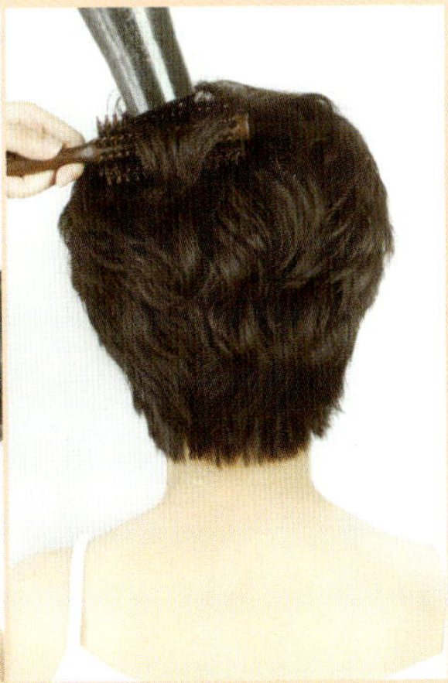

彩图 62　步骤三

彩图 63　步骤四

彩图 64　步骤五

彩图 65　女短发造型效果

彩图 66　步骤一

彩图 67　步骤二

彩图 68　步骤三

彩图 69　步骤四

彩图 70　步骤五

彩图 71　女长发造型效果

传统男发造型步骤

彩图 72　步骤一

彩图 73　步骤二

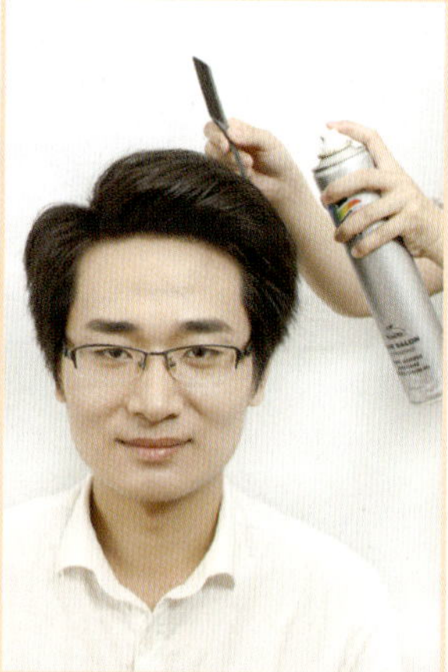

彩图 74　步骤三

彩图 75　传统男发造型效

时尚男发造型步骤

彩图 76　步骤一

彩图 77　步骤二

彩图 78　步骤三

彩图 79　时尚男发造型效

长直发造型步骤

彩图 80　步骤一

彩图 81　步骤二

彩图 82　步骤三

彩图 83　步骤四

彩图 84　长直发造型效果

外翻式造型步骤

彩图 85　步骤一

彩图 86　步骤二

彩图 87　步骤三

彩图 88　步骤四

彩图 89　外翻式造型效果

蓬松感造型步骤

彩图 90　步骤一

彩图 91　步骤二

彩图 92　步骤三

彩图 93　蓬松感造型效果

公主式卷发造型步骤

彩图 94　步骤一

彩图 95　步骤二

彩图 96　步骤三

彩图 97　步骤四

彩图 98　步骤五

彩图 99　公主式卷发造型效果

时尚卷发造型步骤

彩图 100　步骤一

彩图 101　步骤二

彩图 102　步骤三

彩图 103　步骤四

彩图 104　步骤五

彩图 105　时尚卷发造型效果

头发打毛步骤

彩图 106　步骤一

彩图 107　步骤二

彩图 108　步骤三

彩图 109　步骤四

头发卷筒步骤

彩图 110　手拉卷

彩图 111-A　手卷卷筒

彩图 111-B　手卷卷筒

彩图 112　层次卷筒

头发包发效果

彩图 113　对式包发造型效果

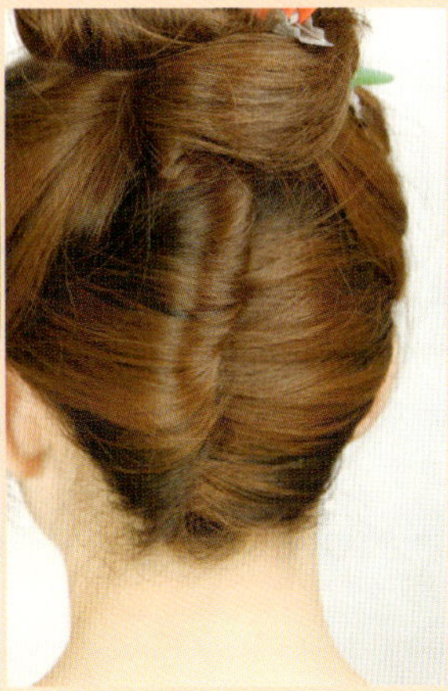

彩图 114　法式包发造型效果

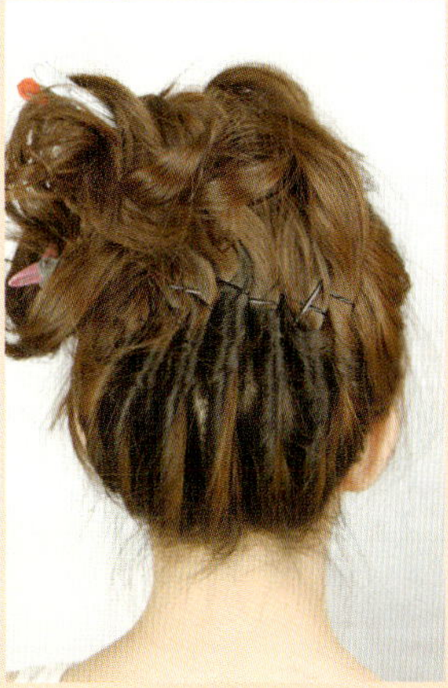

彩图 115　香蕉包发造型效果

赫本式盘发造型步骤

彩图 116　步骤一

彩图 117　步骤二

彩图 118　步骤三

彩图 119　步骤四

彩图 120　步骤五

彩图 121　赫本式盘发造型效果

蓬松式盘发造型步骤

彩图 122　步骤一

彩图 123　步骤二

彩图 124　步骤三

彩图 125　步骤四

彩图 126　步骤五

彩图 127　蓬松式盘发造型效果

民族风编发造型步骤

彩图 128　步骤一

彩图 129　步骤二

彩图 130　步骤三

彩图 131　步骤四

彩图 132　民族风编发造型效果

彩图 133　步骤一

彩图 134　步骤二

彩图 135-A　步骤三

彩图 135-B　步骤三

彩图 136　步骤四

彩图 137　步骤五

彩图 138　可爱型编发造型效果

彩图 139　步骤一

彩图 140　步骤二

彩图 141　步骤三

彩图 142　淑女型编发造型效果

彩图 143　无彩色

彩图 144　有彩色

彩图 145　24 色环图

彩图 146　红色与其邻近色

彩图 147　蓝色与其邻近色

彩图 148　黄色与其邻近色

对比色搭配

彩图 149　对比色　红色 + 绿色

彩图 150　对比色　蓝色 + 橙色

彩图 151　对比色　黄色 + 紫色

对比色调和

彩图 152　改变色彩比例

彩图 153　改变色彩明度

彩图 154　改变色彩纯度

彩图 155　步骤一

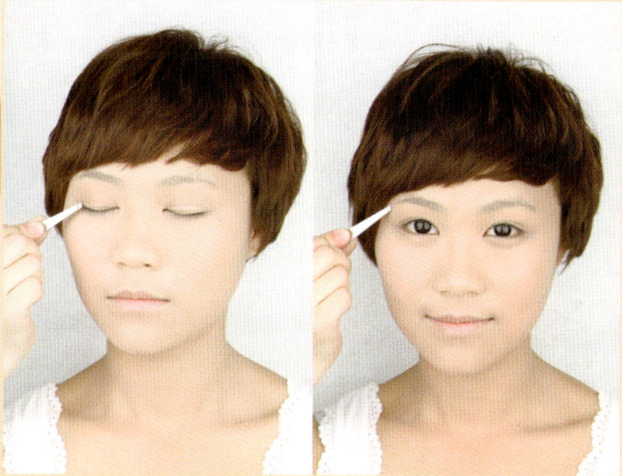

彩图 156　步骤二

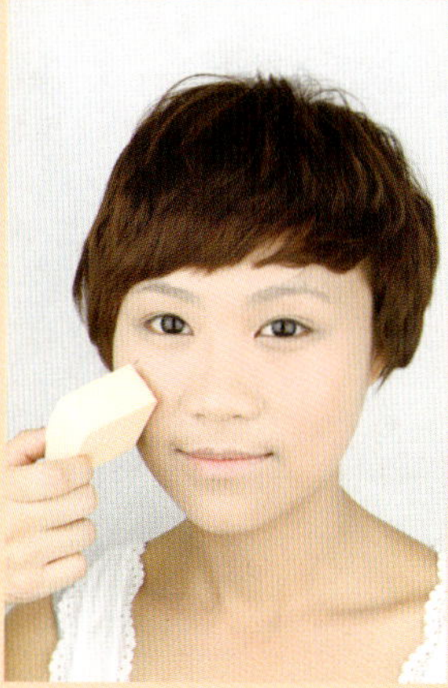

彩图 157　步骤三

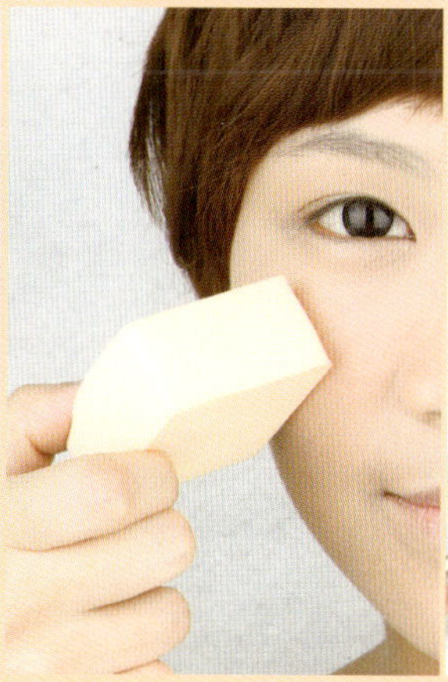

彩图 158　步骤四

彩图 159　步骤五

彩图 160　步骤六

彩图 161　步骤七

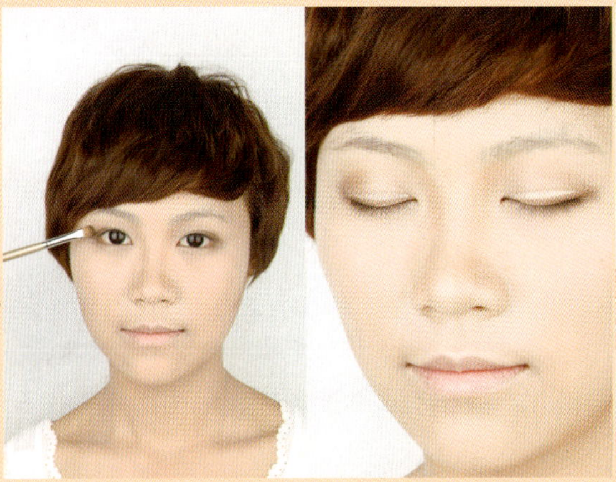

彩图 162　步骤八

彩图 163　步骤九

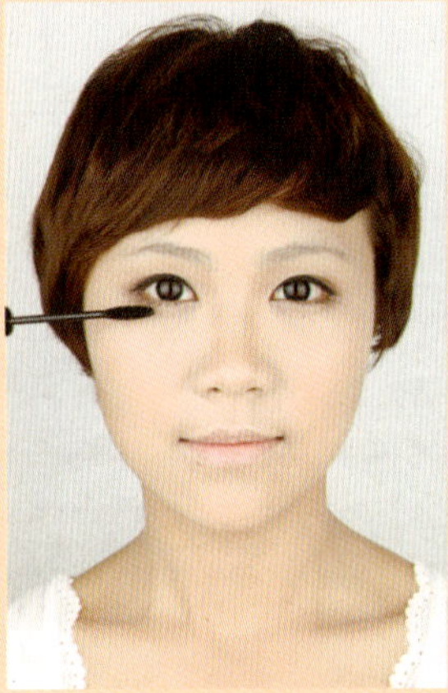

彩图 164　步骤十

彩图 165　步骤十一

彩图 166　步骤十二

彩图 167　步骤十三

彩图 168　女播音员形象效果

彩图 169　男播音员形象效果

彩图 170　步骤一

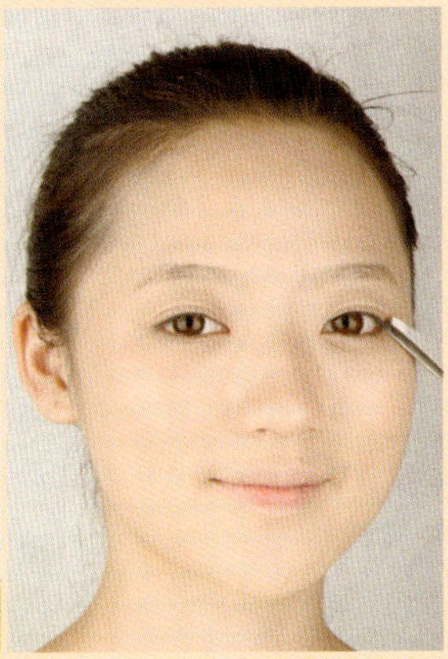

彩图 171　步骤二

彩图 172　步骤三

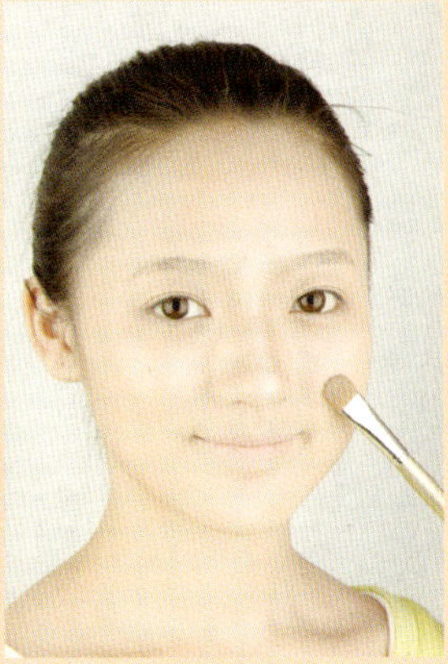

彩图 173-A　步骤四

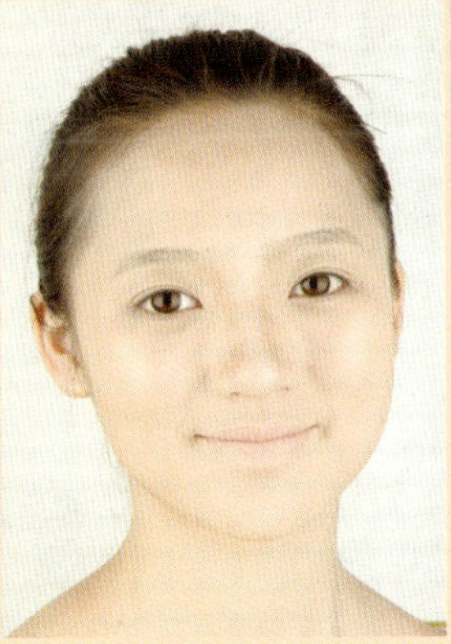

彩图 173-B　步骤四

彩图 174　步骤五

彩图 175　步骤六

彩图 176　步骤七

彩图 177　步骤八

彩图 178　步骤九

彩图 179　步骤十

彩图 180　步骤十一

谈话节目主持人形象效果

彩图 181　谈话节目女主持人形象效果

彩图 182　谈话节目男主持人形象效果

娱乐节目主持人化妆步骤

彩图 183　步骤一

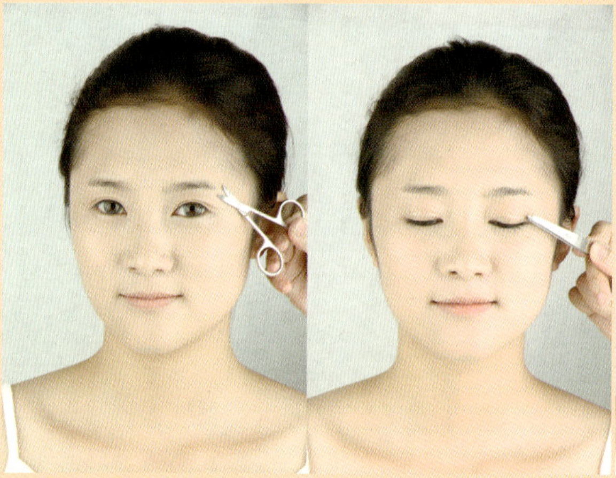

彩图 184　步骤二

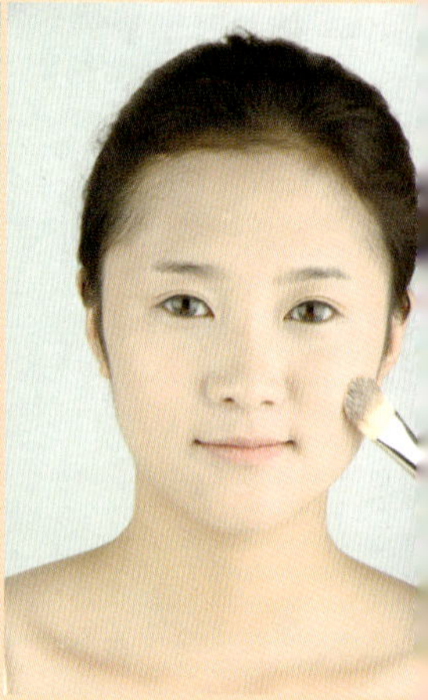

彩图 185-A　步骤三

彩图 185-B　步骤三

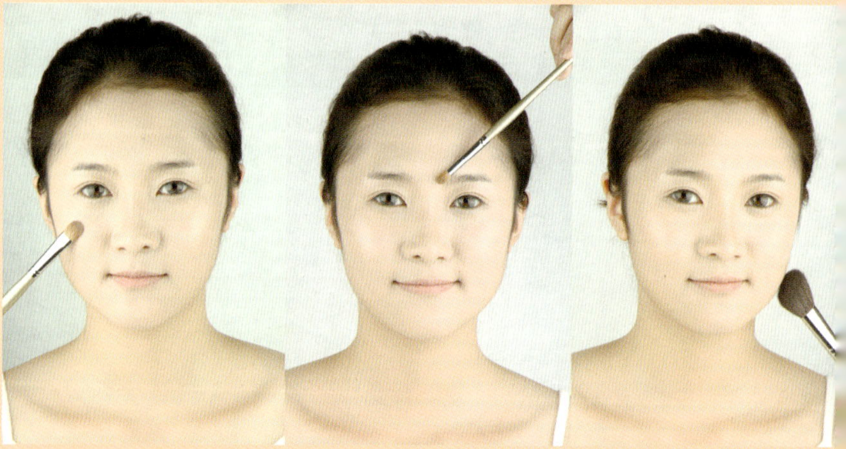

彩图 186　步骤四

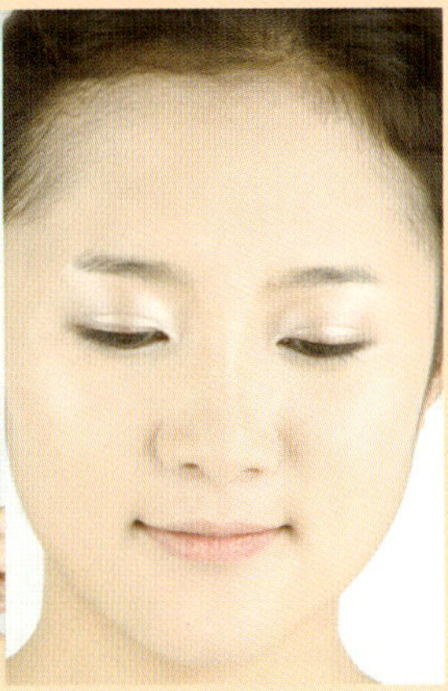

彩图 187　步骤五

彩图 188　步骤六

彩图 189　步骤七

彩图 190　步骤八

彩图 191　步骤九

彩图 192　步骤十

彩图 193　步骤十一

彩图 194　娱乐节目女主持人形象效果

彩图 195　娱乐节目男主持人形象效果

综艺晚会节目主持人化妆步骤

彩图 196　步骤一

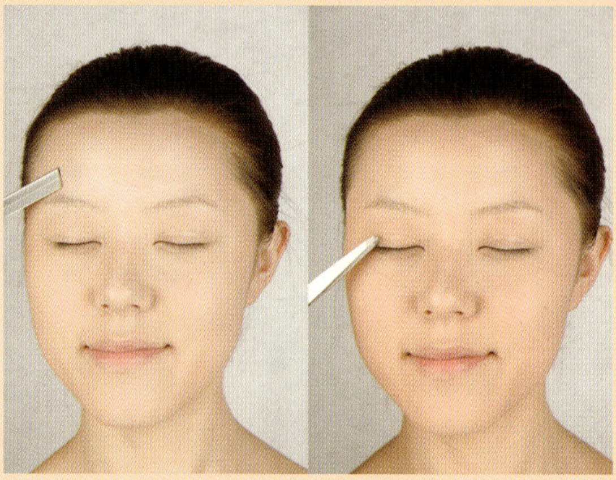

彩图 197　步骤二

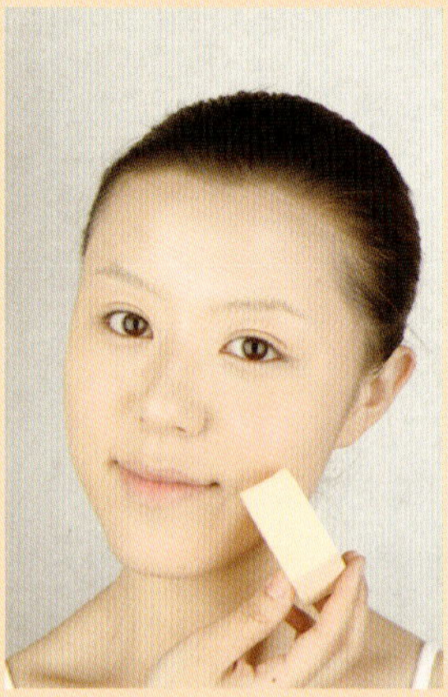

彩图 198　步骤三

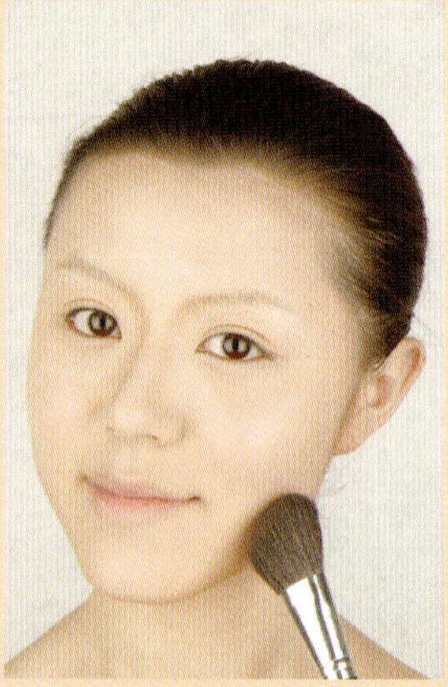

彩图 199　步骤四

彩图 200　步骤五

彩图 201　步骤六

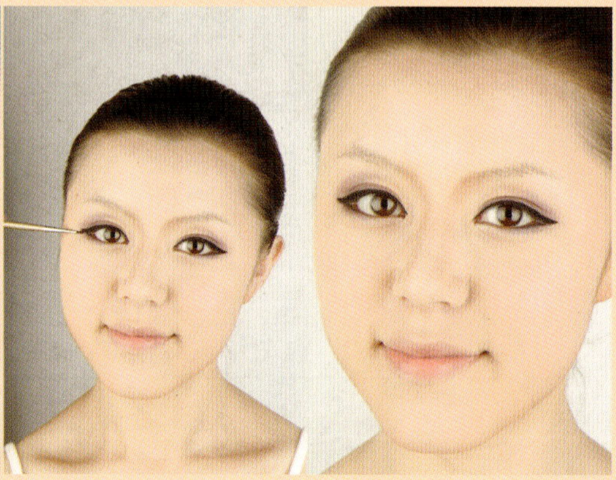

彩图 202　步骤七

彩图 203　步骤八

彩图 204　步骤九

彩图 205　步骤十

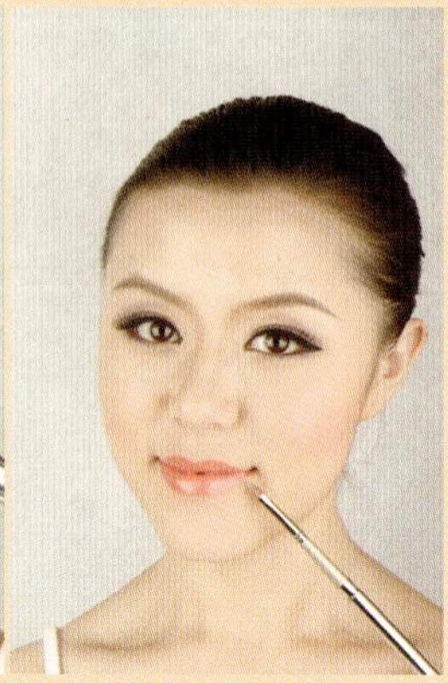

彩图 206　步骤十一

彩图 207　综艺晚会节目女主持人形象效果

彩图 208　综艺晚会节目男主持人形象效果

少儿节目主持人化妆步骤

彩图 209　步骤一

彩图 210　步骤二

彩图 211　步骤三

彩图 212　步骤四

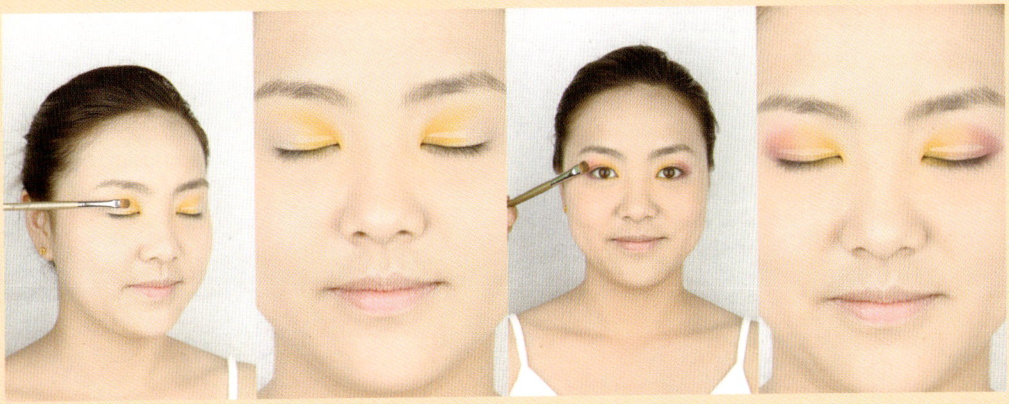

彩图 213　步骤五

彩图 214　步骤六

彩图 215　步骤七

彩图 216　步骤八

彩图 217　步骤九

彩图 218　步骤十

少儿节目主持人形象效果

彩图 219　少儿节目女主持人形象效果

彩图 220　少儿节目男主持人形象效果

目录

CONTENTS

前 言

近些年，随着媒体节目形态不断丰富，播音员主持人日渐受到关注，其作用越来越重要、影响力越来越大。对于播音员主持人来说，如何形成自己的风格与特色，被广大观众所记住和喜爱，是一个值得思考的问题。在越来越注重视觉效果的今天，化妆造型对塑造观众喜爱的、具有特色的播音员主持人形象所起到的作用日益凸显，日渐引起人们的重视。随着播音员主持人由过去的报幕员逐渐成为节目中不可或缺的重要角色，播音员主持人化妆造型也不再是上镜前“描眉、画眼、涂口红”，而逐渐成为艺术化、科学化、专业化的工作。目前，已有部分院校的播音与主持专业开设了化妆造型课程。

1.课程性质

本课程主要讲解播音员主持人化妆造型的运用，指导学生完成人物形象的塑造，具有很强的实用性。通过本课程的学习，培养学生运用各种色彩、化妆、美发、服饰搭配技术，塑造适合自身形象的造型、提升个人气质。

2.课程任务

本课程以培养学生对自我形象的优化能力和对人物的分析造型能力为基本任务，具体培养学生对色彩的认知审美能力和化妆造型的实际操作能力。使学生通过项目的训练，了解常用化妆品和化妆工具的用途、使用方法；能够根据不同的场合、环境合理配置不同的妆容妆效、修饰个人形象。

3.课程内容

本课程内容由三大块构成：认识化妆、化妆造型技法、主持人整体造型。

(1)认识化妆：本课程的基础知识，奠定学生的审美基础，包括化妆的意义、色彩基础知识、四季色彩理论和化妆用品、工具的用途、使用方法。

(2)化妆造型技法：本课程的核心知识，包括基础妆容的打造、矫正生理缺陷的化妆手法、发型设计、服饰搭配。

(3)主持人整体造型：本课程的提高知识，包括发型服饰搭配、根据人物特征进行整体造型。

这三块内容呈递进态势，在掌握一般原理的基础上学习化妆基本手法，进而学习整体的人物造型。

4.教学条件

化妆教室、电子课件、影像资料。

5.教学手段

(1)以课堂讲授、实物展示、实际演示，辅助学生的操作练习，充分调动学生的创作积极性，教学不枯燥、教学效果直观；

(2)通过课程设计，把课堂教学与实际训练结合起来，提高学生的实际操作能力。

6.学时安排

<table>
<tr><th>序号</th><th>项目任务名称</th><th colspan="2">项目主要内容</th><th>项目教学设计</th><th>项目考核与评价
（每个项目采用百分制计分）</th><th>学时</th></tr>
<tr><td>1</td><td>认识化妆</td><td>理论教学</td><td>1.化妆的意义、发展脉络
2.化妆用品和工具</td><td>教师通过实例导入概念，利用实物展示、现场演示的方法向学生介绍现代化妆用品和工具的用途、使用方法，使学生有直观的认识了解，理解掌握基本概念、方法。</td><td>依据课程设计要求，按百分制给定每位学生成绩，占期末总成绩的40%。教师对考核结果进行公开讲评，增强学生自信心和学习兴趣。具体考核学生是否理解化妆基础知识，能否掌握现代化妆品的用途、使用方法。</td><td>4</td></tr>
<tr><td rowspan="2">2</td><td rowspan="2">基础化妆练习</td><td>理论教学</td><td>1.粉底的处理
2.眉眼的结构特征、化妆技法
3.鼻子及修容的化妆技法
4.唇部的化妆技法</td><td>教师首先列举针对不同部位的不同化妆用品、工具，利用现场演示的方法比较其性能，让学生直观地了解何种情况使用何种用品，以及具体的操作手法。</td><td rowspan="2">依据课程设计要求，按百分制给定每位学生成绩，占期末总成绩的40%。教师对考核结果进行公开讲评，增加学生自信心和学习兴趣。具体考核学生是否能够按要求独立完成各部位的化妆操作。</td><td>8</td></tr>
<tr><td>实践项目</td><td>各部位的化妆实践操作</td><td>以分组课堂练习为主，教师辅导、点评学生的练习，解决操作中出现的问题，使学生掌握各部位化妆的基本技法。</td><td>8</td></tr>
<tr><td rowspan="2">3</td><td rowspan="2">矫正化妆练习</td><td>理论教学</td><td>1.标准面部比例的测量
2.脸形的矫正
3.五官的矫正</td><td>教师首先描绘标准面部比例，利用现场测量的方法，让学生直观地了解自身面容特点，根据面容特征，采取相应的修饰手法。</td><td rowspan="2">依据课程设计要求，按百分制给定每位学生成绩，占期末总成绩的40%。教师对考核结果进行公开讲评，增强学生自信心和学习兴趣。具体考核学生是否理解和掌握自身脸形的修饰方法和具体步骤。</td><td>4</td></tr>
<tr><td>实践项目</td><td>根据自身五官特点，利用化妆技法进行矫正与美化</td><td>以分组课堂练习为主，教师辅导、点评学生的练习，解决操作中出现的问题，使学生了解掌握各部位矫正美化的化妆技法。</td><td>4</td></tr>
</table>

续表

<table>
<tr><th>序号</th><th>项目任务名称</th><th colspan="2">项目主要内容</th><th>项目教学设计</th><th>项目考核与评价
（每个项目采用百分制计分）</th><th>学时</th></tr>
<tr><td rowspan="2">4</td><td rowspan="2">发型制作</td><td>理论教学</td><td>1. 日常简易编发
2. 盘发
3. 时尚发型设计
4. 男士发型设计</td><td>教师以问题设计导入概念，以实例阐述概念，分析现场学生脸形与发型的搭配。利用现场演示的方法为其设计发型，在演示步骤中讲解方法，使学生参与其中，引发学生学习兴趣，使其掌握发型的设计规律和制作方法。</td><td rowspan="2">依据课程设计要求，按百分制给定每位学生成绩，占期末总成绩的 40%。教师对考核结果进行公开讲评，增强学生自信心和学习兴趣。具体考核学生是否能够按要求独立完成简单的发型制作。</td><td>4</td></tr>
<tr><td>实践项目</td><td>以固定目标为模板，提供不同的发型创意</td><td>以课堂分组练习为主，每组首先确定模特、讨论其适合的发型，然后进行操作实践。教师辅导、点评学生的练习，使学生掌握日常和特殊场合中常用的发型制作方法。</td><td>8</td></tr>
<tr><td>5</td><td>服饰搭配</td><td>理论教学</td><td>1. 服饰的色彩
2. 服饰的面料
3. 服饰的款型</td><td>教师以实物展示导入概念，创设情境、进行几组服饰搭配，引导学生进行评价。教师进行理论总结，加深学生记忆，提高学生的审美能力和服饰搭配能力。</td><td>依据课程设计要求，按百分制给定每位学生成绩，占期末总成绩的 40%。教师对考核结果进行公开讲评，增强学生自信心和学习兴趣。具体考核学生是否能够根据个体的社会因素和 TPO 原则进行适当的服饰搭配。</td><td>4</td></tr>
</table>

续表

<table>
<tr><th>序号</th><th>项目任务名称</th><th colspan="2">项目主要内容</th><th>项目教学设计</th><th>项目考核与评价
（每个项目采用百分制计分）</th><th>学时</th></tr>
<tr><td rowspan="2">6</td><td rowspan="2">不同节目类型主持人整体造型</td><td>理论教学</td><td>1. 不同风格
2. 不同妆效
3. 不同造型</td><td>教师创设、分析情境，带领学生总结妆容特点。利用实物展示、现场演示的方法，在演示步骤中讲解该妆容特殊的化妆技法，使学生直观地理解掌握基本概念、方法。</td><td rowspan="2">依据课程设计要求，按百分制给定每位学生成绩，占期末总成绩的 40%。教师对考核结果进行公开讲评，增强学生自信心和学习兴趣。具体考核学生是否理解和掌握不同节目类型主持人的化妆步骤和造型方法。</td><td>6</td></tr>
<tr><td>实践项目</td><td>给出不同节目主持人形象，学生综合所学知识分析形象特征，整体打造人物形象</td><td>以课堂练习为主，教师辅导、点评学生的练习，解决操作中出现的问题。集中讲评学生成果，使学生从自己与别人的对比中掌握各种节目类型主持人的化妆特点、基本技法。</td><td>10</td></tr>
<tr><td>7</td><td>实操考试</td><td>实践项目</td><td>实操考试</td><td>整体形象设计、造型，教师进行打分、点评。</td><td>依据课程设计要求，按百分制给定每位学生成绩，占期末总成绩的 40%，综合考量学生对化妆造型课程的掌握能力。</td><td>4</td></tr>
<tr><td colspan="4" rowspan="2">学 时 合 计:64</td><td>理论教学</td><td colspan="2">30</td></tr>
<tr><td>实践教学</td><td colspan="2">34</td></tr>
</table>

第一章　播音员主持人职业形象

当今社会信息爆炸，媒体竞争不断升级，传统报纸不断改版、广播节目逐渐细分、网络媒体全面覆盖，手机短信、微博等新兴媒体快速成长。在这样的环境和压力下，电视媒体仍然坚挺地保持着自己的主流地位，这与其丰富多彩的电视节目以及各个节目中风格迥异的播音员主持人是分不开的。能够观其形、闻其声的播音员主持人形象，已经成为电视媒体中一道独特的风景线，塑造着媒体的品牌和形象。

黄幼民、张卓主编的《主持人形象概说》一书中提出："狭义的主持人形象是主持人的自身形象，泛指主持人具有的所有能够唤起受众一系列思想情感活动的有形因素和无形因素，它包括外在形象和内在形象两个层面。"本书所讨论的播音员主持人的职业形象，主要是指播音员主持人在工作当中的外在形象，它是播音员主持人形象塑造的首要因素。

电视媒体是声画结合的媒体，播音员主持人和受众是面对面的直观接触。受众在观看电视节目时，首先看到的就是播音员主持人的外在形象，进而对该形象进行好恶的判断。良好的第一印象会吸引受众，从而深入地了解节目、认识播音员主持人；而不修边幅或极不得体的外在形象，会引起受众反感，即便节目内容再精彩，也无法吸引受众。从某种程度上讲，主持人形象就相当于杂志封面，可以引发阅读和购买。所以，电视节目主持人应该具备良好的职业形象，这对节目的传播效果有着直接的影响和重要的意义。

第一节 播音员主持人职业形象的造型特点

一、播音员主持人职业形象的特点

要塑造良好的播音员主持人形象，给其一个恰当的造型，首先要了解播音员主持人职业形象的特点。

1.社会性与个性的统一

一方面，播音员主持人是“社会”的人。播音员主持人是通过大众传媒来传递信息的，为广大受众所关注、认识，所以其形象具有公众性，依附于公共社会生活。播音员主持人应清楚地认识到自身形象的社会作用，为公众树立正确典范，产生积极的引导效果。

另一方面，播音员主持人又是具有自身特点的“个性”的人。个体之间是有区别的，不仅表现在外貌形态、语言表达、举止仪态等方面，还表现在思维方式和价值判断等方面。具有典型化个性特征的播音员主持人，更具真实性和感染力，更易被人关注、记忆。

良好的主持人形象，讲求社会性与个性的统一，既要符合社会主流意识，又要树立个人风格，不能一味求稳，显得空洞无趣，也不能一味求奇，显得怪诞肤浅，要正确处理好普遍与特殊的关系。

2.稳定性与相对性的统一

播音员主持人形象是一个复杂的综合形象，会受到个人条件、节目风格、传播技术、社会习惯的制约，呈现出稳定性与相对性的统一。

从个人条件上来看，每个人的外貌、体型、谈吐、仪态乃至性格特征，一般不会在短时期之内有频繁的变化，具有一定的稳定性。这些固定的个人特征通过日积月累便形成了播音员主持人的个人风格。另外，相对固定的节目需要有稳定的节目形象，播音员主持人是节目的一部分，其形象应该符合节目形象。节目风格、内容不变，播音员主持人的形象也应相对稳定。

但是为了迎合受众的需求或市场的需要，一些节目会出现改版，一名播音员主持人可能会在多个节目中调动。无论出于何种原因，一旦节目内容出现调整、节目风格产生变化，播音员主持人形象就必须相应调整，以适应节目形象的新要求。所以，稳定性又是相对的。另外，传播技术的进步和社会习惯的变化，也会对播音员主持人的形象提出新的要求。

良好的播音员主持人形象，讲求稳定性与相对性的统一。既要有稳定的风格，又要灵活地调整，不能脱离节目、脱离时代一成不变，也不能毫无根据和理由地为了变化而变化。

二、播音员主持人职业形象的造型特点

根据播音员主持人形象的以上特点，我们在对其进行化妆造型时，应该注意以下四点：

1.符合节目风格

不同的电视节目受众定位不同、内容设置不同，要求的主持人形象也不同，节目风格决定主持人风格。内容严肃的电视节目，主持人的形象也要庄重、大方；内容轻松的电视节目，主持人的形象就可以随意、亲和一些；而纯娱乐性质的电视节目，主持人的形象则可以适度地夸张。这些不同的形象要求，需要我们运用与之相对应的化妆、造型技法来实现。如果化妆造型的方法使用不当，会造成主持人风格与节目风格的错位，就难以被目标受众所接纳、认可，电视节目和主持人本身都将失去吸引力。

2.依据个人特点

化妆造型的一个重要目的就是为了扬长避短，塑造更加优美的主持人形象。而每个人在外貌上都有自己的优缺点，呈现出不同的特征，所以在化妆造型的时候，应该根据主持人自身的生理特征来选择不同的发型、服装、配饰和化妆手法，以此来弥补缺陷、强调特点，塑造具有鲜明个性风格的、高识别度和记忆度的主持人形象。

3. 不能过于怪异、另类

电视是大众传播媒介，拥有最广泛的受众群，所以电视节目主持人承载着传播主流文化的责任，形象要符合大多数人的审美眼光。在化妆造型的时候，我们的技法可以出现变化，带给观众新鲜感、保持观众关注度，但这些变化始终要塑造积极、正面的主持人形象，并不是“抢眼球”、“搏出位”的矫情造作，否则必将遭到广大观众的抛弃。

4. 造型要素协调、统一

主持人的形象塑造是一个复杂的过程，需要各个造型因素综合起作用。想要达到一个稳定的风格，必须有相对应的化妆、发型、服装和配饰，其中任何一个造型要素跳脱出来，都将影响到主持人形象的整体感和和谐性。

第二节　播音员主持人职业形象的造型类型

播音员主持人职业形象的类型很多，有的端庄严肃，有的温和亲切，有的幽默搞笑，有的活泼可爱，他们在化妆造型上有不同的要求。所以想要塑造得体的播音员主持人形象，必须首先分清播音员主持人职业形象的不同类型。当然，播音员主持人职业形象分类的方式有很多，针对播音员主持人的造型设计来讲，往往根据其主持的节目类型来划分，因为节目风格决定播音员主持人的风格。具体而言，播音员主持人职业形象可以划分为以下四种：

一、新闻类节目主持人

新闻类节目是指以传播新闻为主要功能取向的节目形态。它是电视媒体中话题最敏感也最重要的节目，其所播报的内容多为国内外的重大事件，常涉及政治、军事、经济等话题，是人们了解国内外形势和社会生活的重要窗口。主要包括消息类节目、新闻杂志类节目、新闻评论类节目。

新闻类节目主持人的形象应该符合节目严肃、严谨的风格，力求增强个人形象的权威感和可信度，塑造出端庄、严肃的荧幕形象。

二、谈话、服务类节目主持人

电视谈话类节目又被称为“脱口秀”，出现于20世纪60年代，节目设置往往是由主持人和主持人邀请的嘉宾围绕着某个公众感兴趣的话题或人物展开讨论或叙述，如《实话实说》、《鲁豫有约》等。此类节目贴近老百姓生活，容易引起观众共鸣。

服务类节目是个覆盖面很宽的类型，在电视节目中占有相当大的比重。内容涉及文化、经济、科学、法律、医疗、餐饮、购物等各个方面的服务信息，起到传播理论、普及科学文化、传授知识技能等作用，如《百家讲坛》、《经济半小时》、《走进科学》、《今日说法》、《健康之路》、《天天饮食》、《购时尚》、《消费主张》等。

谈话、服务类节目主持人的形象应该符合节目贴近大众、服务大众的风格，给人一种自然感和亲和力，塑造出清新、大方、知性的荧幕形象，避免形象过于花哨和夸张。

三、综艺、娱乐类节目主持人

随着生活节奏加快、生活压力增大，人们不仅需要从媒体中获取知识，更需要从媒体中获得放松和娱乐。因此近些年，娱乐节目的类型不断丰富，在电视媒体中所占的比重也逐渐增大，包括大型晚会类节目《中华情》、娱乐竞技类节目《城市之间》、益智答题类节目《开心辞典》、选秀类节目《中国达人秀》、《快乐女声》、娱乐资讯类节目《影视同期声》、《新娱乐在线》等等，吸引了大批观众。

综艺、娱乐类节目主持人的形象要符合节目轻松、欢乐的风格，造型上要体现时尚、流行的特点，可以适当地夸张，采用装饰性强的造型要素以满足观众的新鲜感和审美趣味。

四、少儿类节目主持人

少儿类节目的主要受众是青少年、儿童及幼儿，节目内容的设置往往从儿童心理和性格出发，丰富多彩、天马行空。因为儿童此时还没有形成成熟的判断能力，少儿类节目主持人的形象会引发儿童的跟风效仿，所以，少儿类节目主持人的形象定位一定要特别注意，要为儿童树立正确的典范。在造型上一定要阳光、积极，可以突出鲜艳的色彩，塑造出活泼可爱、略带稚气的荧幕形象，也可以发挥想象力，模仿卡通人物的形象或动物造型，避免过于成人化的装扮。

第二章　播音员主持人常用化妆用品与工具

“工欲善其事，必先利其器。”想要打造出一款适合播音员主持人形象的完美造型，除了要有娴熟的化妆技巧之外，必须根据场合和节目类型，为其准备恰当的化妆用品及工具。

第一节　化妆用品的种类与运用

一、底妆产品

根据主持人在不同场合、主持不同节目的需要，常用的底妆产品可以分为BB霜、粉底夜、粉底膏、粉饼四大类(如图 2—1—1)：

图 2-1-1　底妆产品

1. BB霜

集护肤、隔离、遮瑕、调整肤色等功能于一体，质地轻薄透气，可达到裸妆效果，常用于主持人的生活淡妆造型。

2. 粉底液

能够均匀肤色，遮盖面部较淡的色斑。质地细腻轻薄，效果自然，常用于主持人的生活淡妆造型或少儿节目主持人、娱乐节目主持人和某些谈话类节目主持人的上镜造型。

3. 粉底膏

可以有效地填充毛孔，遮盖面部的瑕疵如痘印和斑点。贴肤效果好，持妆时间长。常用于新闻播音员和谈话、资讯类节目主持人的上镜造型。

4. 粉饼

常用于日常补妆或节目间隙的补妆。干性皮肤慎用。为使面部达到镜头前的立体效果，可选择深浅不同的三种颜色作为底色，制造出明暗对比，美化面部形象。

二、定妆产品

散粉（蜜粉，如图2—1—2）：是打完底妆的后一步工序，主要作用是控油，使皮肤看起来清透自然，一般都含精细的滑石粉，可以吸收面部多余油脂、减少面部的油光。

图2-1-2　散粉

三、眼线

眼线分为眼线笔、眼线液、水溶眼线、眼线膏四大类（如图2—1—3），可根据各人爱好和需求选用不同种类眼线产品。用途是调整修饰眼形，使眼睛看起来更加明亮有神采。另外,眼线还有使睫毛看起来更浓密的效果。主持人一般选择黑色和棕色的眼线。

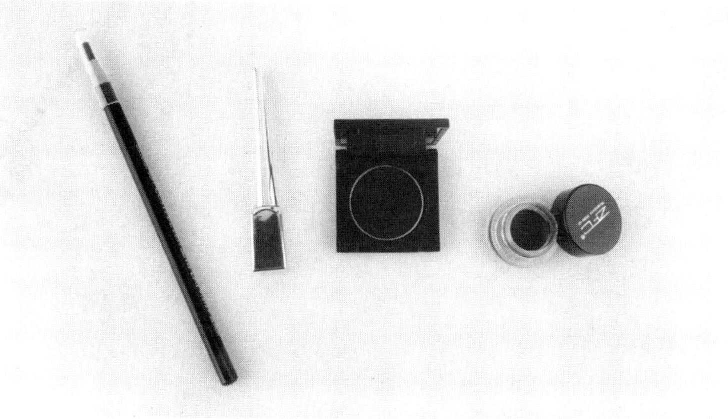

图 2－1－3　眼线

四、眼影

眼影分为块状眼影、膏状眼影、粉状眼影(如图 2－1－4),可以加强眼部立体感,调节眼部结构并修饰眼形,同样也可起到增加眼睛神采的效果。

配合年龄和服装,眼影有多种颜色可供选择,一般有亚光和珠光两种质地。在严肃的节目形态里,主持人多选择亚光质地的眼影;在轻松的节目形态里,主持人多选择珠光质地的眼影。

图 2－1－4　眼影

五、睫毛膏与假睫毛

图 2-1-5 睫毛膏

1. 睫毛膏

睫毛膏(如图 2—1—5)可以改善睫毛长度和密度,起到修饰眼形的作用,是新闻主播普遍采用的睫毛修饰方式。

2. 假睫毛

图 2-1-6 假睫毛

通过佩戴假睫毛(如图 2—1—6),能够迅速增长增密睫毛,效果夸张、修饰感强,多用于综艺晚会型节目的主持人和娱乐、时尚类节目的主持人。

六、眉笔与眉粉

眉笔和眉粉(如图 2—1—7)同属于眉形修饰产品,可以烘托眉毛的色调,强调眉毛的立体感,并可修饰和遮盖眉毛生长不足的地方。

一般根据毛发生长条件选择产品。毛发浓密者一般选择眉粉,毛发稀疏者可选择眉笔或眉笔与眉粉搭配运用。主持人常用色为棕色、黑灰色。

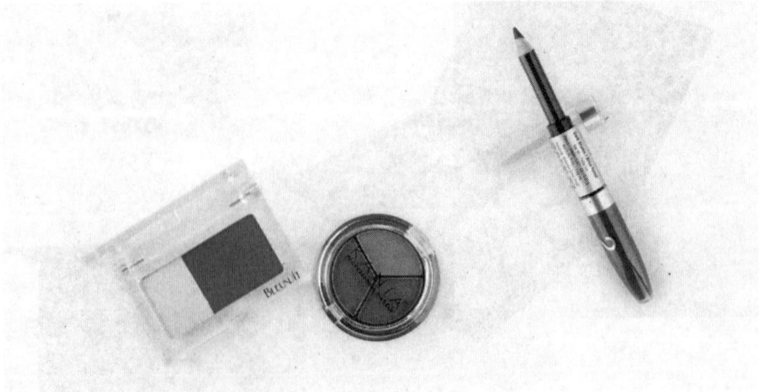

图 2-1-7 眉笔与眉粉

七、腮红

腮红分为块状腮红、膏状腮红(如图 2—1—8),可以增添面部的健康色泽,也可用于平衡面部色彩,加强面部立体感。利用不同的腮红上色手法还可以修饰、矫正脸形。主持人常用色为粉色、橘色。

图 2-1-8　腮红

八、唇线笔

通过唇线笔(如图 2—1—9)的勾画,可以矫正不良唇形、增强唇部立体感、防止唇彩外溢,使唇部妆容干净、整齐,是以近景居多的新闻主播常用的化妆用品。

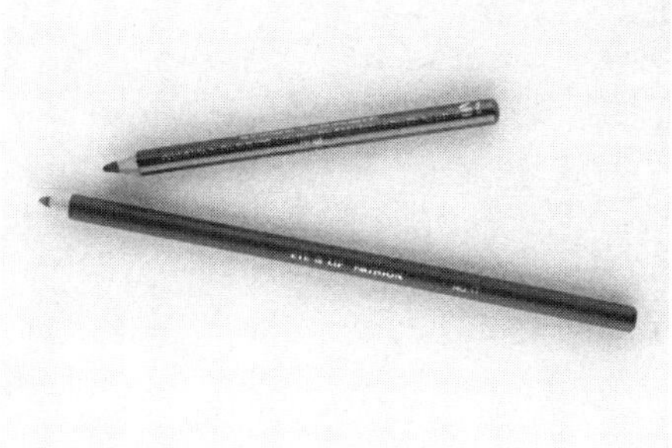

图 2-1-9　唇线笔

九、口红与唇彩

1. 口红

常见有管装口红和盒装口红(如图 2—1—10)。对嘴唇具有滋润和上色的作用,一般根据眼影和腮红的颜色选择与之搭配的色彩。

图 2-1-10　口红

2. 唇彩

唇彩(如图 2—1—11)一般色彩较淡,可以和口红搭配使用,增加唇部色彩的层次、修饰唇部造型,使唇部看起来更丰满亮泽。

图 2-1-11　唇彩

十、修容粉饼

修容粉饼（如图 2—1—12）用于加强面部的明暗对比，收提脸形，打造肌肤立体感，使之更有轮廓。

图 2-1-12　修容粉饼

十一、特殊化妆用品

1. 饰底乳

饰底乳（如图 2—1—13）常见有淡紫色、淡绿色、粉红色、淡黄色。饰底乳在底妆之前局部使用，调整不良肤色，均匀面部色调。

2. 遮瑕膏

遮瑕膏（如图 2—1—14）又称盖斑膏，可对粉底遮盖不住的较严重的瑕疵进行再次遮盖。

图 2-1-13　饰底乳

图 2-1-14　遮瑕膏

第二节　化妆工具的种类与运用

一、干粉扑

干粉扑(如图 2—2—1)配合散粉在定妆时使用。

二、湿粉扑

湿粉扑(如图 2—2—2)多为各种形状的海绵,质地轻软、细腻,用于粉底液、粉底膏的涂抹,可使粉底更均匀地铺展开。

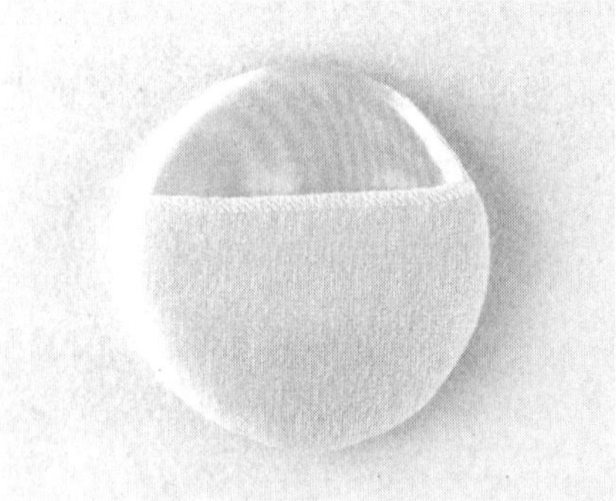

图 2-2-1　干粉扑

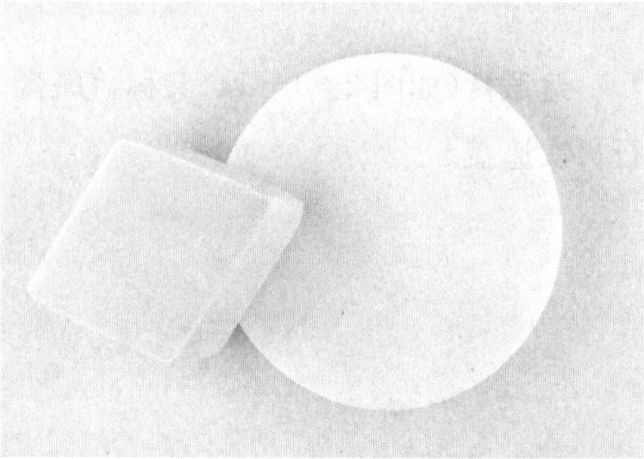

图 2-2-2　湿粉扑

三、化妆套刷

化妆套刷(如图 2—2—3)主要包括以下几种:

1. 余粉刷

定妆后,清扫面部多余的散粉。

2. 散粉刷

配合散粉，用于追求清透效果的定妆。

3. 腮红刷

配合块状腮红，晕染双颊。

4. 斜角轮廓刷

配合暗色修容粉饼，收紧面部外轮廓。

5. 粉底刷

配合粉底液，细致涂刷粉底。

6. 鼻影刷

配合暗色修容粉饼，晕染鼻侧影，提升面部立体感。

7. 眼影刷

大小不同的眼影刷配合深浅不同的眼影或高光，晕染出有层次的眼妆。

8. 眉刷

配合眉笔或眉粉，使眉毛轮廓更清晰，美化眉形。

9. 眼线刷

可干湿两用，配合眼线膏或水溶眼线，精确地勾画出纤细的眼线。

10. 遮瑕笔

配合遮瑕膏，可修改细微妆容或重点遮瑕。

11. 唇刷

配合口红，精确勾勒唇形。

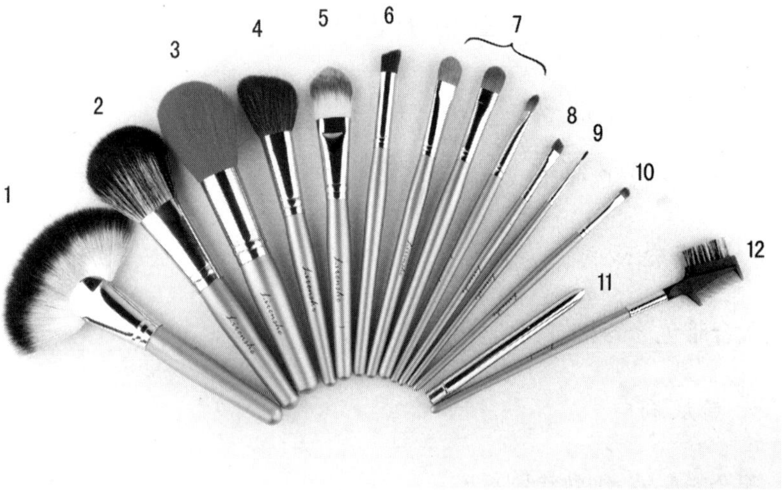

图 2-2-3　化妆套刷

12. 眉梳/睫毛梳

可精细修整眉形与睫毛造型。眉睫刷一端用于梳理精致眉形,另一端可在涂抹睫毛膏后去除多余睫毛膏,使睫毛根根分明。

四、眉毛修整工具

眉毛修整工具(如图 2—2—4)主要包括以下几种：

1. 修眉刀

用于去除大面积的杂眉。

2. 拔眉钳

用于拔除小面积的杂眉或眉茬。

3. 弯头剪刀

用于修剪眉毛的长度。

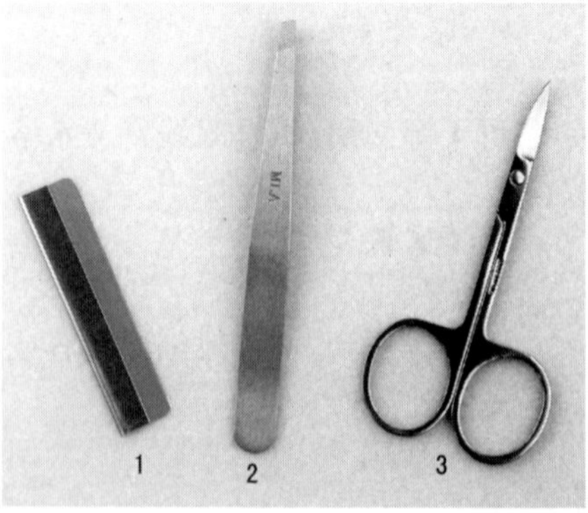

图 2-2-4　眉毛修整工具

五、睫毛夹

涂染睫毛之前，使用睫毛夹（如图 2—2—5）夹弯夹翘睫毛，使睫毛呈现出完美弧线。

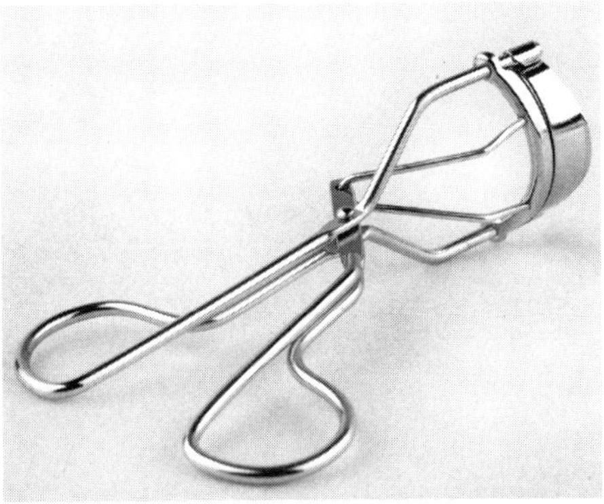

图 2－2－5 睫毛夹

六、双眼皮胶带

双眼皮胶带（如图 2—2—6）用于改变眼睑宽度，调整眼形。

七、化妆清洁用品

化妆清洁用品（如图 2—2—7）主要包括棉签和化妆棉，用于清洁和修改局部妆容。

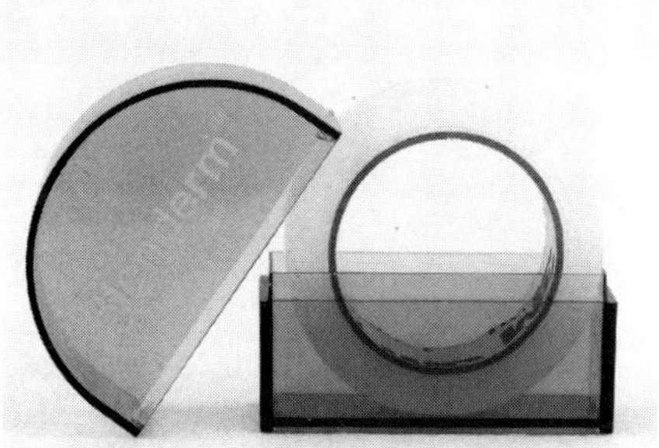

图 2－2－6 双眼皮胶带

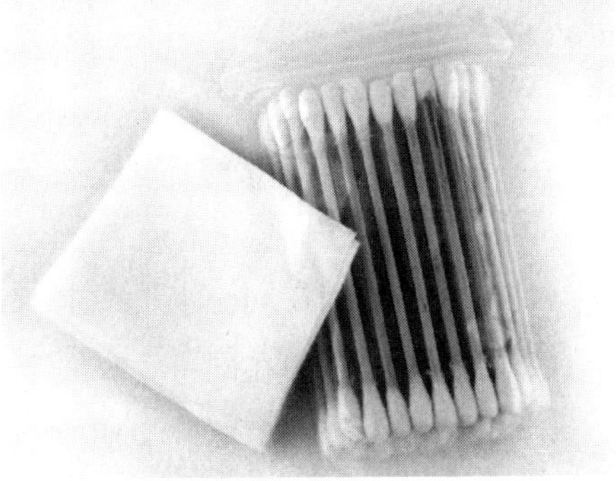

图 2－2－7 化妆清洁用品

第三章 播音员主持人基础化妆技法

第一节 眉形的调整与修饰

眉毛的化妆古已有之，在面部化妆中出现较早，是个人修饰的一个重要环节。改变眉毛的形状和色彩，会给人带来截然不同的视觉感受和整体印象，塑造出不同的个人风格(如图 3—1—1)。

对于初学者来讲，如何快速准确地修整并描画出漂亮的眉形，是有一定规律可循的，这就是标准眉形。它的适用范围最广，几乎适合各类人群。

图 3-1-1 眉形对比

一、标准眉形的位置

(1)眉头与眉梢在同一水平线上。

(2)眉头与内眼角在同一垂直线上。

(3)眉峰的位置在鼻翼和黑眼球外延的延长线与眉毛的交点，大约为眉梢至眉头的1/3 处。

(4)眉梢的位置在鼻翼和外眼角的延长线上。眉梢、外眼角、鼻翼、唇峰应“四点一线”(如图3—1—2)。

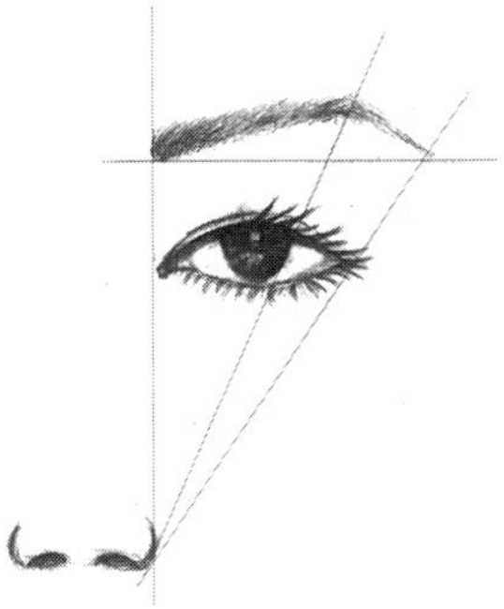

图3-1-2　标准眉形

二、眉毛的修整

1. 修整工具

眉毛的修整工具(如图3—1—3)主要包括以下几种：

(1)修眉刀。用于修掉面部标准眉形以外的大面积杂眉。

(2)弯头剪刀。用于修剪眉毛的长度，调整眉毛疏密度。

(3)眉梳。用于梳理眉形，常配合小弯头剪一起使用来调整眉毛长度。

(4)眉刷。用于梳理或固定眉形。

(5)拔眉钳。用于修整细部眉形。

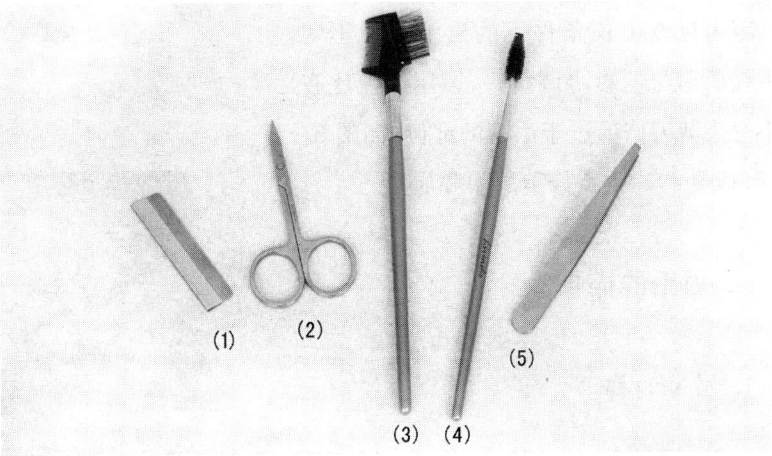

图3-1-3　眉毛修整工具

2. 修整方法

(1)梳理粘贴

自身毛发生长条件良好的人只需用眉刷从眉头向眉梢梳理成形，也可加少量睫毛膏或啫喱膏帮助定型(如图 3—1—4/彩图 1)。电视荧幕中的男性主持人常用此法,塑造出的眉形清新自然。

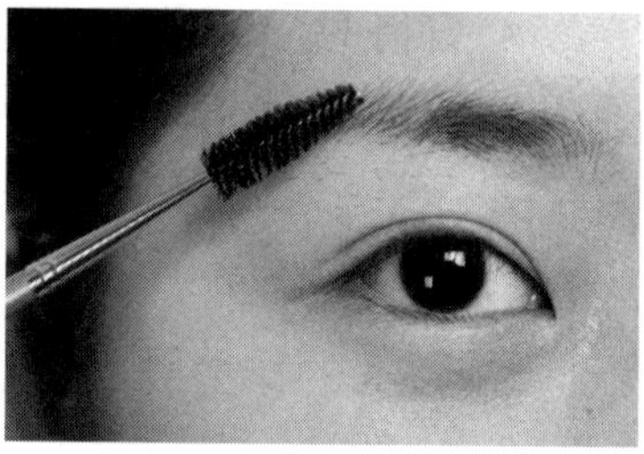

图 3-1-4 梳理

(2)刮

若眉形不清晰或杂眉过多,应先使用修眉刀沿着毛发生长方向刮除多余毛发(如图 3—1—5/彩图 2)。为了更干净地清除毛发,此动作应注意角度,一般将修眉刀倾斜 45°效果最佳。

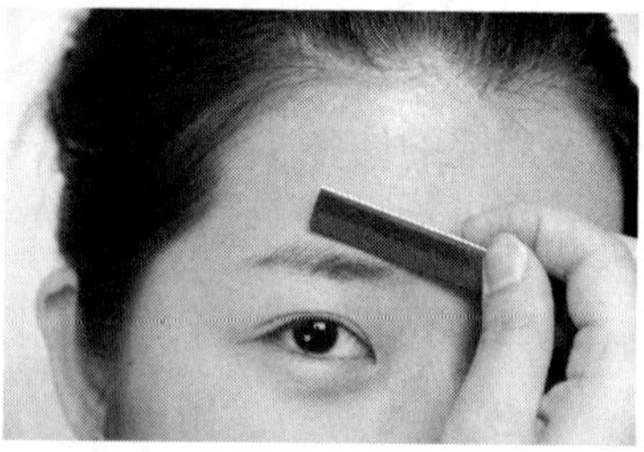

图 3-1-5 刮

(3)拔

对于修眉刀不好达到的细节部位,使用拔眉钳沿毛发生长方向一根一根拔出(如图 3—1—6/彩图 3)。此步骤需注意每个人的痛感是不同的,敏感的人可先热敷使毛孔张开。

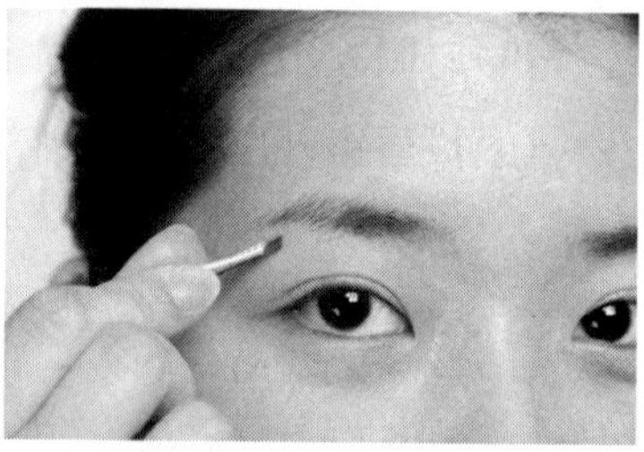

图 3-1-6 拔

(4)修剪

因为自然生长条件下的眉毛浓稀不匀,为了使眉形与色彩协调统一,可用眉梳比齐,用小弯头剪刀修剪过于浓密的部位(如图 3—1—7/彩图 4)。重点修剪眉中和眉尾。

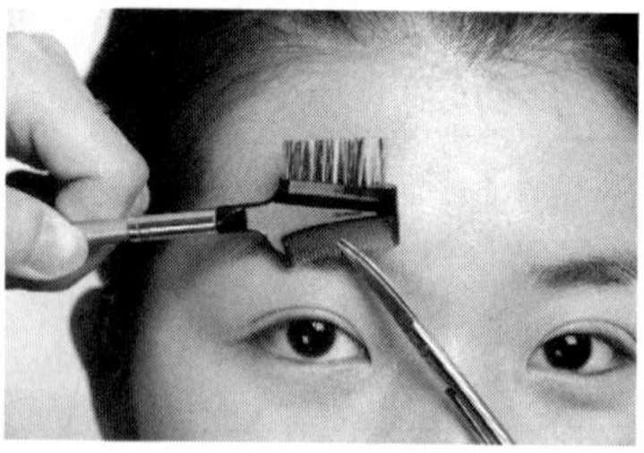

图 3-1-7 修剪

三、眉毛的描画

1. 眉笔的描画

工具:各色眉笔。眉笔有多种颜色可供选择:黑、黑灰、浅棕、深棕。对于东方人来说,多使用黑灰色和棕色系。

画法:先用浅棕色,从后 1/2 下笔,画至眉梢,再轻轻逆向前补几道,粗刷刷开。再用黑色局部加重,眉梢晕染开(如图 3—1—8/彩图 5)。画出的眉形力求达到下齐上虚,下深上浅。

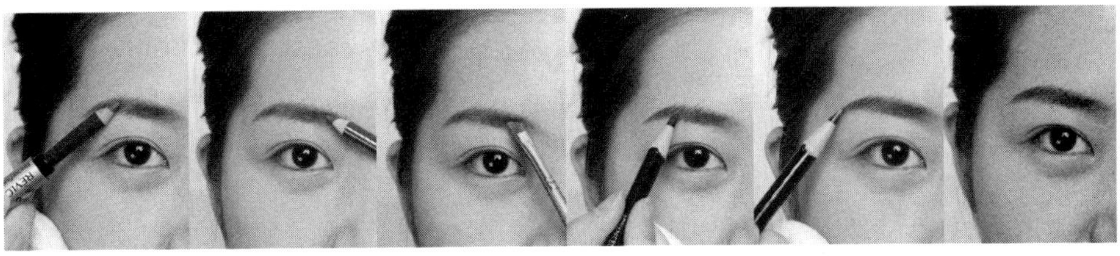

图 3－1－8　眉笔描画步骤

特点：利用眉笔描画出的眉形线性感较强，强调线条的感觉，更正式、稳重、中规中矩。

2. 眉粉的描画

工具：各色眉粉。东方人常用灰色及棕色系。

画法：选择接近发色的眉粉，同样从后 1/2 下笔，画至眉梢，再轻轻逆向前补几道，粗刷刷开（如图 3—1—9/彩图 6）。衬在眉毛与眉毛之间的皮肤上，目的是为了烘托毛发的状态，衬托整个脸部的色调。

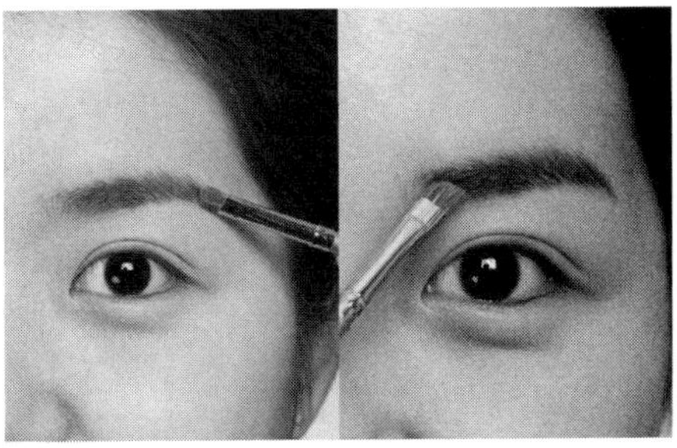

图 3－1－9　眉粉描画步骤

特点：色彩虚淡、眉形蓬松，更显年轻、活泼、明快。

3. 男性眉毛的描画

男性眉毛在修整的时候，要保持男性的阳刚之气，只需把两眉之间和眼睑上过于散乱的毛发清除即可，不能修剪过细。若本身毛发生长整齐，也可不必修剪。

男性眉毛在描画时，要视个人情况而定。若毛发生长条件较好，相对浓密，就只需梳理成形，再用黑色或棕色睫毛膏定型，增加眉毛的立体感。若眉毛稀疏，则需先用眉粉加重色调，使轮廓清晰，然后再用睫毛膏于眉头、眉尾局部加重强调。男性眉毛的化妆要点就是要真实自然、不露痕迹。

我们有时为了达到更多变的造型需求，会在标准眉形的基础上进行调整，打造出不同风格的妆容。

四、眉峰的不同位置及特点

1. 1/3 眉峰标准眉形

各类人群均适用，适用范围广（如图 3—1—10）。
特点：端庄、大方。

图 3-1-10　1/3 眉峰标准眉形

2. 1/2 眉峰标准眉形

可以增添面部的弧线感，增大眉眼间距（如图 3—1—11）。
特点：温柔、甜美。

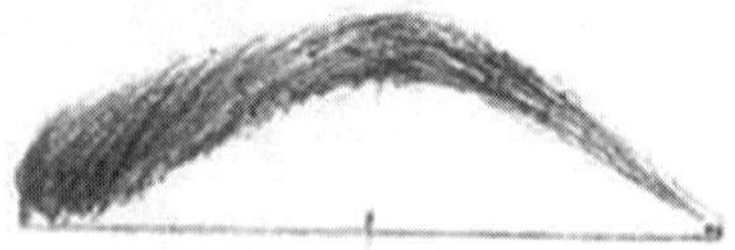

图 3-1-11　1/2 眉峰标准眉形

3. 1/4 眉峰标准眉形

带有明显角度，可扩充面部内轮廓（如图 3—1—12）。
特点：时尚、前卫。

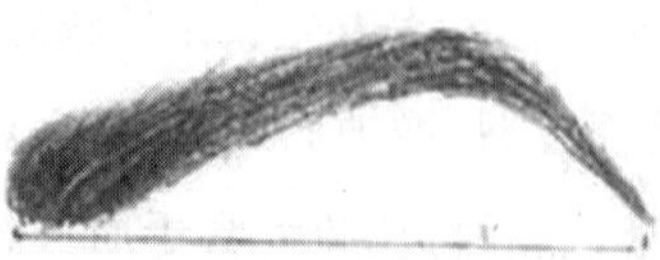

图 3-1-12　1/4 眉峰标准眉形

第二节　粉底的打法

粉底又称为人的“第二层皮肤”，通过粉底的涂擦，可以填充面部细纹、遮盖面部色斑，调整肤色暗黄，迅速改善各种皮肤问题，使脸部干净无瑕，是现代化妆技术中最重要的一步。

一、粉底的种类

1. 乳液型粉底

乳液型粉底(如图 3—2—1)又称粉底液或水基型粉底。水分含量高，色料和粉料含量低，遮盖力较弱。常用于日常化妆，或要求妆效真实自然的情况。

图 3-2-1　乳液型粉底

2. 乳脂型粉底

乳脂型粉底(如图 3—2—2)又称粉底膏或油基型粉底。遮盖力强，有着卓越的附着力和持久性。常用于电视上镜、平面拍摄、秀场演出。

图 3-2-2　乳脂型粉底

3. 水溶性粉底

水溶性粉底(如图 3—2—3)又称干湿两用粉饼。上妆快,可自行凝固,无需散粉定妆。常用于女性肩颈等身体部位的化妆。又因其质地轻薄,脂粉气不重,也适用于男性和儿童的化妆。

图 3-2-3　水溶性粉底

4. 调理型粉底

调理型粉底(如图 3—2—4)又称饰底乳,肤色粉底前使用,用作改善肤色偏黄、发红、发黑或惨白的状况。

根据不同皮肤状况有多种颜色可供选择:紫、绿、粉、黄。

(1)紫色。改善暗黄肤色。

(2)绿色。改善红血丝较多的敏感性皮肤。

(3)粉色。改善皮肤惨白、无血色。

(4)黄色。改善皮肤发黑、暗淡无光。

调理型粉底通常只用于出现问题的局部皮肤,不应全脸涂抹。

图 3-2-4　调理型粉底

二、粉底上妆的常用手法

1. 擦

最常用的打底方法，必须借助海绵，由面部中心向四周放射性擦拭（如图3—2—5/彩图7）。注意每次沾取的量和擦拭的力度，要保证均匀。

2. 点

利用“美容手指”（中指、无名指、食指）在局部点按（如图3—2—6/彩图8）。因为上妆速度慢，主要作用是掩盖斑点和伤痕。

3. 按

需要借助三角海绵，用垂直、不移动的手法来点按（如图3—2—7/彩图9）。此种上妆方法粉底会较厚，但没有划痕，持妆时间长。

4. 揉

利用大拇指和大鱼肌的位置，左右手配合操作（如图3—2—8/彩图10）。此种上妆方法既能填满毛孔和纹路，又轻薄透气，是最不露痕迹的化妆手法，多用于表现真实效果的化妆。

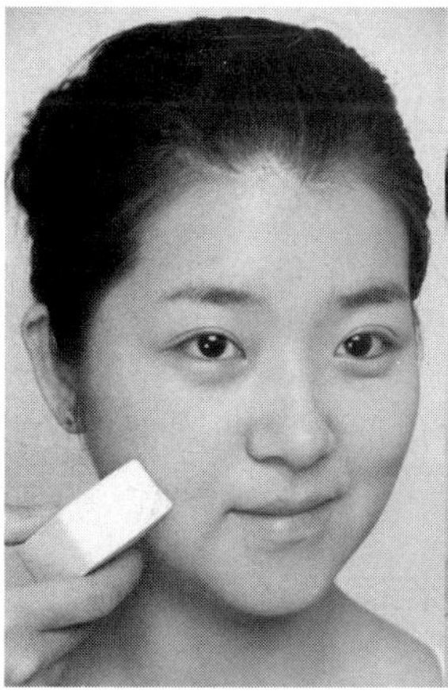

图3-2-5　擦

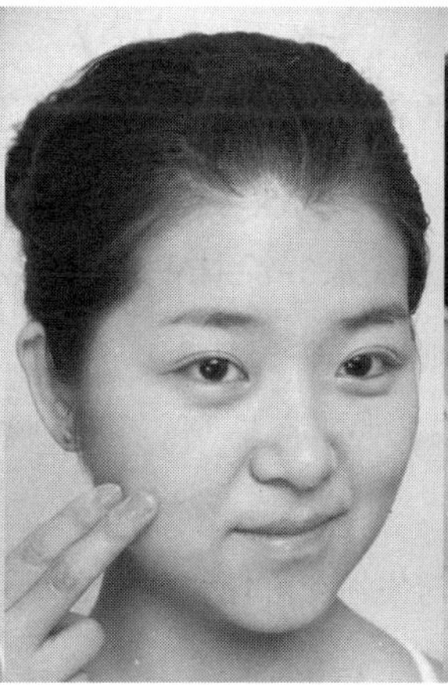

图3-2-6　点

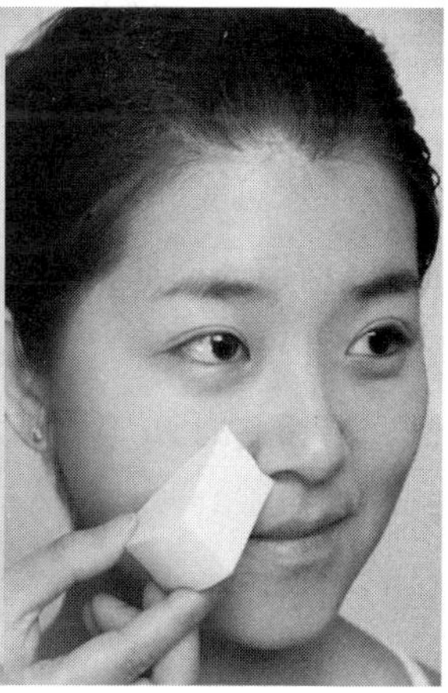

图3-2-7　按

5. 压

把大块圆形海绵用拇指、小指固定，中间三指衬于海绵下左右滚压（如图3—2—9/彩图11）。此方法适合于大型晚会舞台的快速化妆，精度不高。

6. 刷

利用专业的粉底刷进行涂刷，可以深入到细节（如图3—2—10/彩图12）。多用于近镜头需要表现肌肤细腻、自然效果的化妆，更精致。

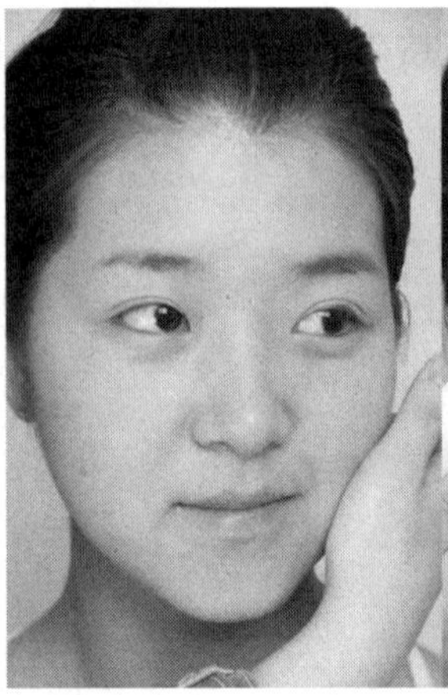

图3-2-8 揉

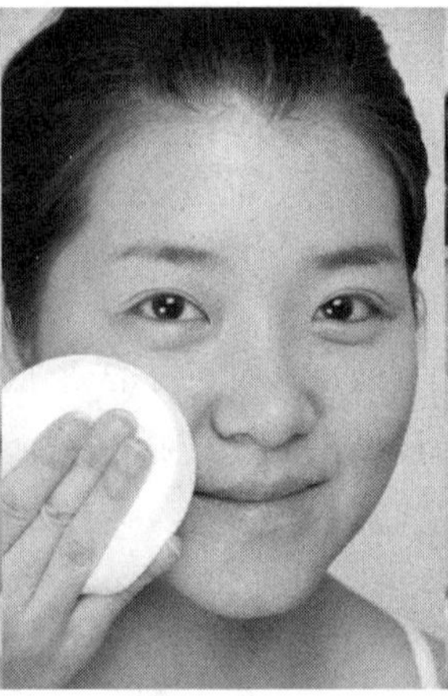

图3-2-9 压

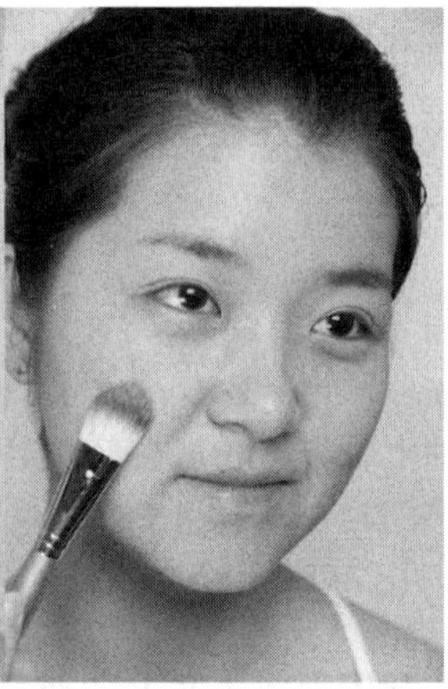

图3-2-10 刷

三、粉底使用的注意事项

(1)选择与肤色最接近的粉底。切忌比自身肤色白太多。

(2)注意打底前应护肤。为了避免粉底吸收过多水分而使面部干燥起皮，应在打底前清洁面部、拍打爽肤水并涂抹润肤霜。在条件允许的情况下，可以先敷一张补水面膜，打好基础使妆容更伏贴。

(3)打粉底时，应注意眼睑周围、鼻窝、鼻底、嘴角部分等凹陷部位的均匀上妆。

(4)注意脸的上半部分与发际线的衔接、脸的下半部分与颈部的衔接。

(5)注意打粉底的方向及手法的轻重。

四、定妆粉的种类

1. 有色散粉

散粉本身具有一定的色相，不透明，具有一定的遮盖力。多用于戏剧、舞台有一定距离感的、夸张的化妆，也用于加法和减法的化妆方法中。

2. 透明散粉

不会改变任何化妆的色调，只起定妆效果。最轻薄、轻透，多用于时尚拍摄。

3. 半透明散粉

不会明显地改变化妆的色调，但也具有一定遮挡效果，可解决腮红、眼影过渡不匀的问题，使边缘模糊、过渡自然。多用于电视上镜、婚纱摄影、秀场演出，适用范围广，不易出错。

4. 调色散粉

有紫、绿、粉等多种颜色选择。主要用于调整、改善粉底后的不良色调。

5. 亮色散粉

散粉中含有珠光色素。适用于表现健康肤质的光感造型，或用于身体打粉，提高感光度，更具立体感。

6. 固体散粉

又称粉饼，是压缩蜜粉。多用于外景补妆。干性皮肤需慎用。

五、定妆粉的作用

(1)用于固定妆面，使持妆时间更长。

(2)可以使面部肌肤更加柔和、光滑，减少粘腻。

(3)可以协调面部色彩。

六、定妆粉的使用注意事项

(1)需借助工具大号粉刷或丝绒粉扑。在使用当中,若使用刷子时,要把多余的散粉弹掉再用;若使用粉扑定妆,要将粉扑表面的散粉揉搓均匀(如图 3—2—11/彩图 13)。

(2)定妆时,要先将粉定在以下五个部位,再均匀扑开:前额、鼻梁、眼下至颧骨、下颌隆突、嘴角(如图 3—2—12/彩图 14)。

(3)眼下定粉要仔细,可使眼睛向上看(如图 3—2—13/彩图 15)。

(4)鼻翼两侧和嘴角散粉要重点按压,不能泛出油光(如图 3—2—14/彩图 16)。

(5)散粉定完后要用余粉刷清扫面部(如图 3—2—15/彩图 17)。

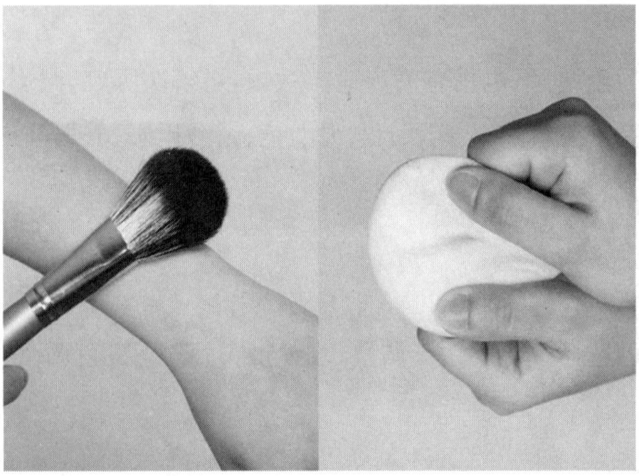

图 3-2-11　步骤一

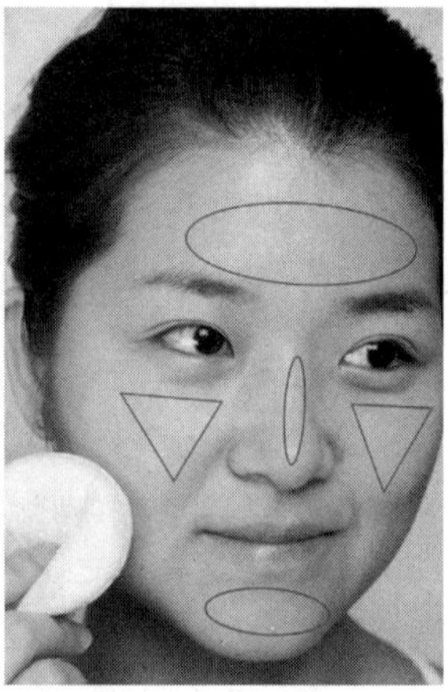

图 3-2-12　步骤二

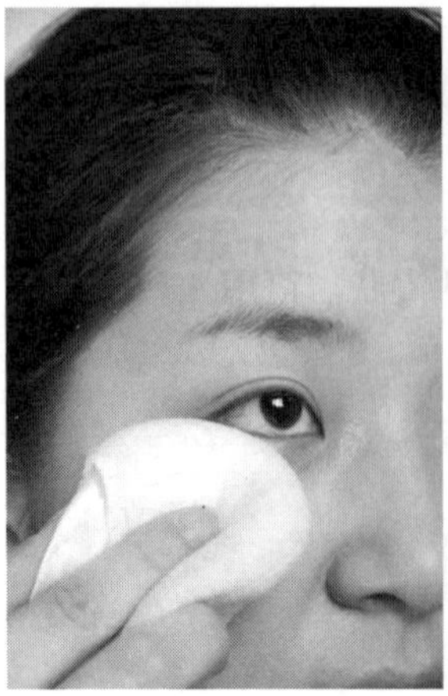

图 3-2-13　步骤三

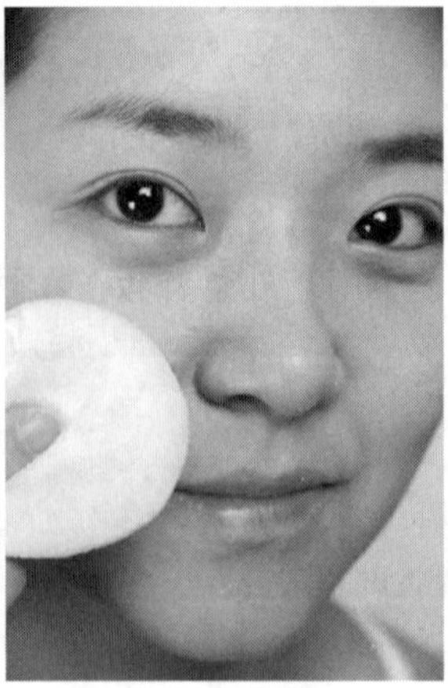

图 3-2-14　步骤四

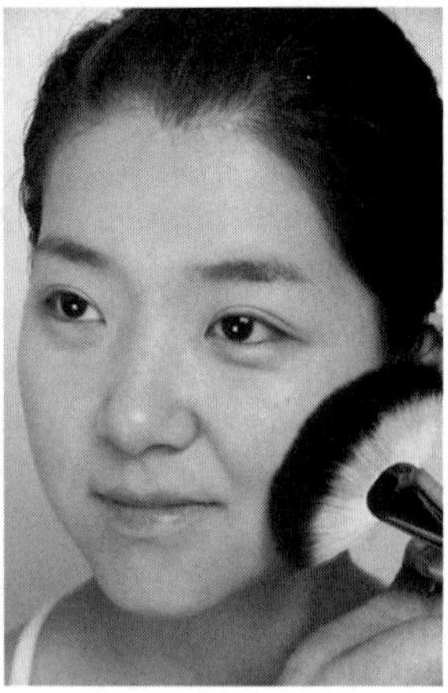

图 3-2-15　步骤五

第三节　唇部的化妆

一个人的唇部是面部最先吸引人注意的部位，唇部的化妆对面部整体风格所起的作用是十分重要的。或清纯可爱、或古典端庄、或时尚性感，都可以通过唇部体现。也就是说，不同唇形的塑造，可以改变一个人的气质。

一、唇形的标准比例

(1)下唇底线应位于鼻底至下颌的中点。

(2)唇峰在唇中线到唇角的1/3处。

(3)唇中线应与下巴高点及鼻梁呈垂直线。

(4)两唇角的位置在同一水平线上。

(5)下唇比上唇略厚(如图3—3—1)。

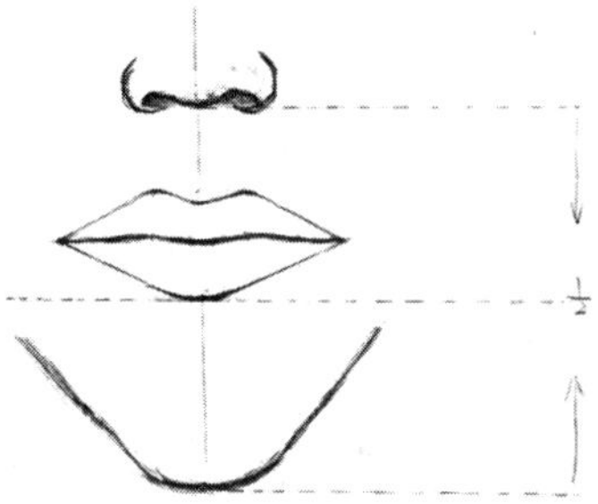

图3-3-1　标准唇形

二、唇部的描画

1. 工具

(1)唇刷。①标准型：能够较标准地勾画出唇部的轮廓。②略宽型：接触面积大，适合快速化妆，但精度不高。

(2)海绵端刷。口红涂抹轻薄，可达到比较自然的效果，但得到的唇部轮廓线较模糊。

(3)手指。适用于淡彩法，多用于局部的强调。

2. 操作步骤

(1)软化与滋润。干燥的唇部皮肤和明显的唇纹会使人看上去疲倦、没有精神，所以在唇部描画之前一定要做好软化与滋润的工作。若唇部过于干燥可用软毛牙刷沾取少许凡士林轻刷唇部去除死皮。如没有明显唇部问题，可直接使用润唇膏涂抹滋润唇部，注意润唇膏不可涂抹太厚，否则口红不易上色。

(2)勾唇线。要求精致的化妆是需要勾画唇线的。先按标准比例确定七点：唇峰两点、唇谷一点、唇角两点、下唇底边两点，然后用圆滑的曲线按照下图的方向顺序连接七点(如图 3－3－2)。

(3)涂唇膏。先用口红压住唇线在边缘填深，然后将口红涂满整个唇部(如图 3－3－3)。

(4)调试。为使口红色更饱满、更持久，需用纸巾或吸油面纸轻轻按压唇部，去掉多余口红。然后用透明或半透明散粉在唇部定妆，扫去余粉。再次涂抹口红，此时可调入唇油在口红中，提高唇部明亮度。此时唇部光亮饱满、不易脱妆。对于需要长时间开口发言的主持人来讲，这一步骤不可忽略。

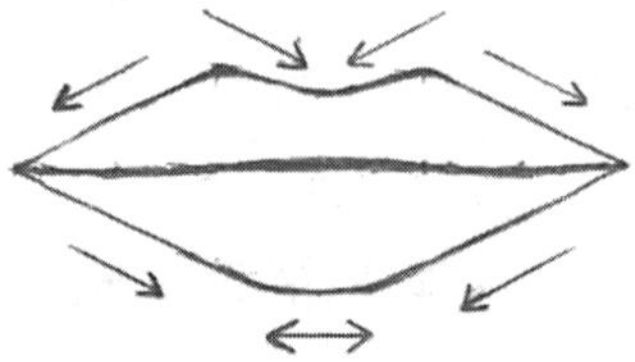

图 3－3－2　唇线勾画方向

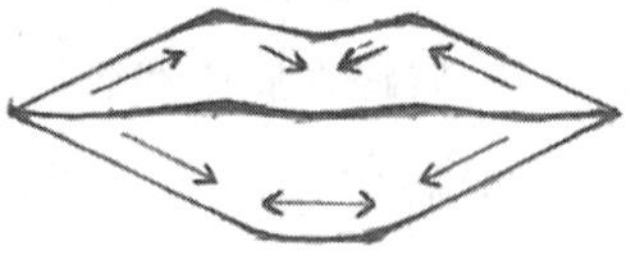

图 3－3－3　唇膏填涂方向

唇部化妆分解步骤(如图 3－3－4/彩图 18)所示。

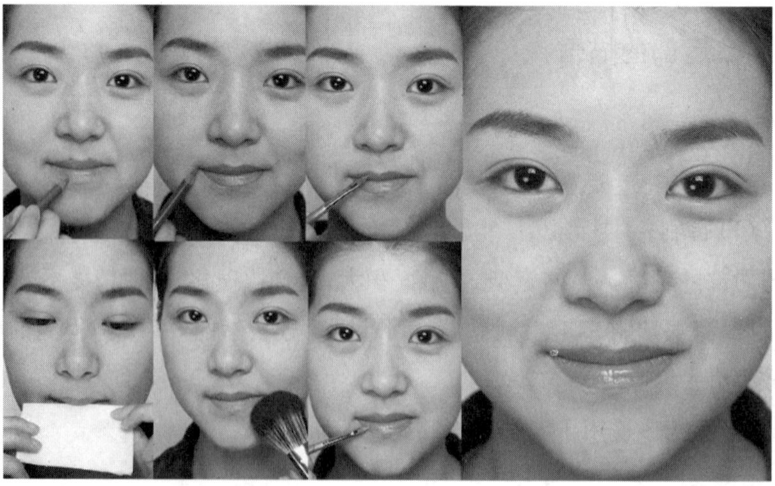

图 3－3－4　唇部化妆步骤

三、唇峰的不同位置及效果

1. 1/3 唇峰（标准唇形）

此唇形具有宽泛性，给人以亲切、自然、情感丰富的印象（如图 3—3—5）。

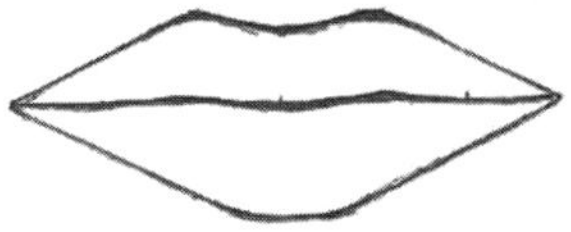

图 3-3-5　1/3 唇峰唇形

2. 1/4 唇峰

此唇形多见于儿童及东方人种，使人显得年轻、具有活力（如图 3—3—6）。

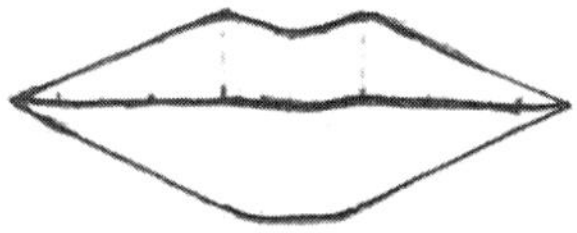

图 3-3-6　1/4 唇峰唇形

3. 1/2 唇峰

此唇形美观、雅致，略显成熟，唇部的动感、静感兼而有之（如图 3—3—7）。常见于西方人。

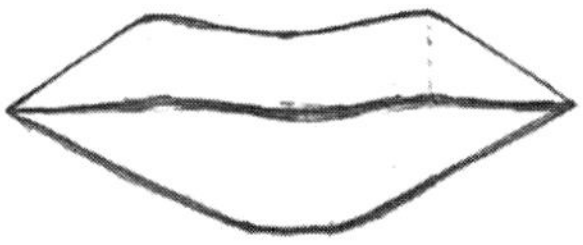

图 3-3-7　1/2 唇峰唇形

4. 2/3 唇峰

此唇形显得成熟、艳丽，并具微笑感（如图3—3—8）。多用于舞台、游行庆典的化妆，视觉效果夸张醒目。

图 3-3-8　2/3 唇峰唇形

5. 无唇峰

此唇形丰满，显得性感时尚（如图 3—3—9）。常见于黑色人种。

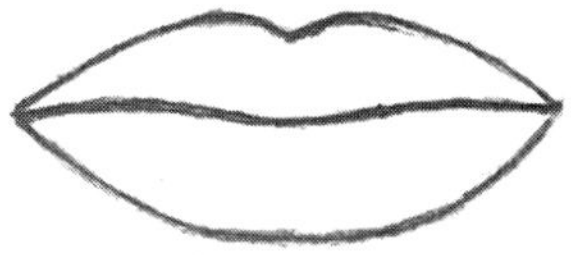

图 3-3-9　无唇峰唇形

四、唇的色彩

口红最常见的三个基本色为橘红、粉红和大红。此外，棕色系也较为常见。

1. 橘红

使人显得年轻可爱，适合于偏黄的肌肤。但老年人面色暗淡需要慎用。

2. 粉红

使人显得温柔可爱，可使面庞明亮清新。该色彩不仅适合于少女，对于 40 岁以上的成熟女性也同样有很好的装饰效果。相对来说，运用范围宽泛。

3. 红

使人显得高贵、典雅，具有复古感和成熟感，适合于面容有特色的人使用。

4. 棕色

使人显得端庄、稳重，能突出肤色，表现自然、朴实的感觉。

第四节　眼部的化妆

眼睛是面部最能传递信息的器官，所以眼部的化妆也是在五官描画当中技法最多、最难掌握的。随着流行时尚的变迁，眼妆技巧也经历了不同的变化，形成了不同的风格表现。具体的操作步骤包括三个方面：

一、眼影的涂抹

1. 眼影的功能

眼影即眼部的阴影，通过涂抹眼部阴影可在视觉上使眼窝加深，从而达到增强面部立体感的效果。

2. 眼影的种类及特点

(1)饼状眼影

饼状眼影(如图 3－4－1)多为压缩成饼的粉末，有珠光质地和亚光质

图 3－4－1　饼状眼影

地之分。色彩丰富、易于存放。能够很好地实现色彩之间的晕染和渐层，是最为常见、使用范围最广的眼影产品。多用于定妆之后。

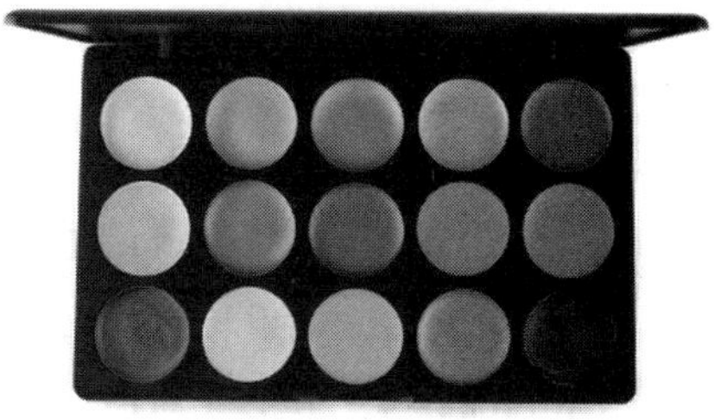

图3-4-2　膏状眼影

(2)膏状眼影

单色存放于盒中的膏状或慕斯状眼影(如图 3—4—2)，膏体细腻轻薄、光泽感强，能够很好地贴合于粉底。但保质期一般较短。常用于表现真实、自然效果的化妆。多用于定妆前，或不定妆的化妆。

图3-4-3　粉状眼影

(3)粉状眼影

粉状眼影(如图 3—4—3)多为单色存放于盒中的含有珠光颗粒的松散的粉末。常配合其他类型眼影一起使用，提高其光泽感。常用于舞台或宴会场合的化妆，装饰感强。

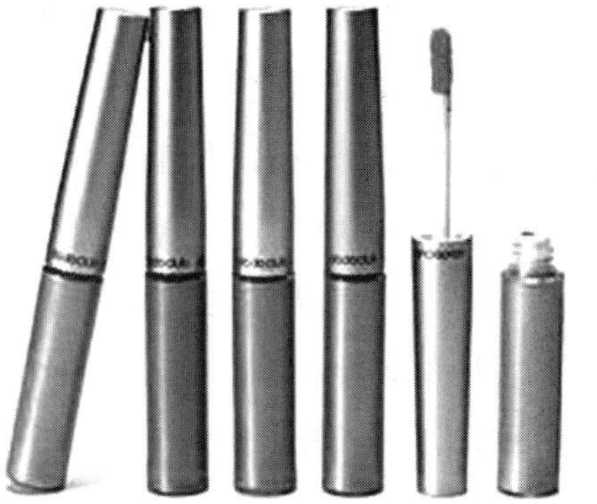

图3-4-4　液体眼影

(4)液体眼影

液体眼影(如图 3—4—4)颜色鲜艳、饱和，效果夸张。常用于表现某种概念的创意类化妆，生活中不常见。

3. 眼影的色彩选择

根据所追求的效果不同，应选择不同的眼影色彩。常用的眼影色彩包括：

(1)棕色系。接近于人体在视觉上呈现的自然阴影色，效果最自然、真实。棕色系眼影给人感觉端庄、大方、严肃、稳重，是新闻类主播的第一选择，也适合于稍有年龄感的传统女性。

(2)黄绿色系。这是属于春天的色彩，黄绿色系眼影给人感觉活泼、跳跃、积极、外放，适合于儿童节目的主持人，也适合年龄偏小、性格外向的女性主持人。

(3)蓝色系。蓝色系眼影是稳重、理性和知性的代表，适用于新闻、访谈、财经类节目主持人。

(4)粉紫色系。象征着浪漫、温馨，是极富女性魅力的色彩，适用于女性、时尚、生活、晚会类节目主持人，最适合于长相比较甜美的女性主持人。

(5)黑灰色系。烟熏妆的必备色系，能够表现出另类与时尚，常用于综艺或时尚类节目主持人，更多地适用于T台和秀场的模特。

选择眼影时需注意，一方面要考虑其带给人的视觉感受，另一方面还要考虑与服装色彩的搭配。

4. 眼影的不同画法

眼影的画法十分丰富，不同的上妆方法会形成截然不同的视觉效果。常见的眼影描画方法有：

(1) 平涂法

①用大号眼影刷沾取眼影，扁平使用毛刷，从睫毛根部起笔，沿着眼线的位置左右晕染。

②待毛刷上所剩色料不多时，立起毛刷呈圆弧形向上晕染至眼窝处。

③用中号眼影刷沾取少许同色眼影重复上述步骤，此次涂染面积小于上一层，毛刷始终扁平。

④再一次重复上述步骤，加强晕染，得到层次分明的眼影效果。

平涂法眼影效果如图3—4—5/彩图19所示，平涂法具体步骤如图3—4—6/彩图20所示。

图3-4-5 平涂法眼影效果

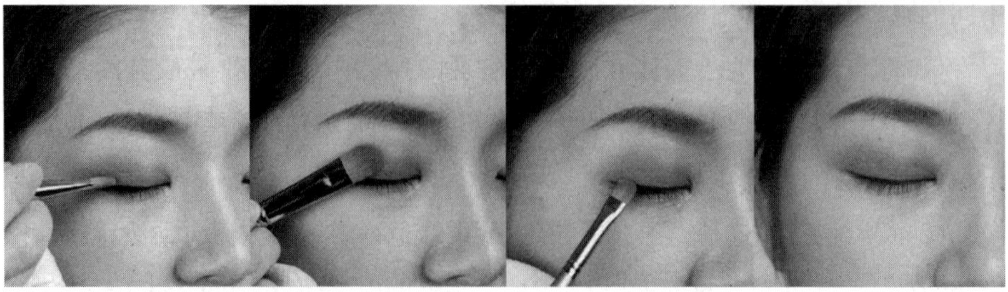

图3-4-6 平涂法步骤

平涂的方法可用于单色平涂(即上述步骤),也可用于多色平涂。多色平涂时只需将步骤②③沾取的颜色更换即可。若选取的多个颜色属于同一色系,则可以达到柔和的过渡效果;若选取对比强烈的色彩,则会达到夸张的表现。但无论选择何种色彩,都要面积由大变小、颜色由浅入深,才能获得干净的妆面和和谐的效果。

(2)倒勾法

①用中号眼影刷沾取眼影,从外眼角睫毛根部起笔,由外向内在眼皮上勾画出眼球的轮廓,使其呈倒放的 V 字形。其中上边线和眼窝位置重合,下边线于睫毛根部重合。然后由两边的顶角向内晕染,到眼球突起位置结束,色彩由外向内越来越淡。

②沾取深一号眼影色,重复晕染,着重加深 V 形边线,面积小于之前。

③用深色眼影加强涂染在睫毛根部,使眼部轮廓更立体。

④用中号眼影刷把生硬的部分扫虚,得到饱满而立体的眼影效果。

倒勾法眼影效果如图 3—4—7/彩图 21 所示,倒勾法具体步骤如图 3—4—8/彩图 22 所示。

倒勾的方法能够更好地刻画出眼部轮廓,增加五官的立体感,所以是播音员常采用的一种眼影方法。同样倒勾的方法也可使用多个颜色,但要注意在步骤②③的过渡和晕染,不要使色彩之间出现明显的断层。

图 3－4－7　倒勾法眼影效果

(3)瞳孔法

①用中号眼影刷沾取眼影色。从外眼角睫毛根部起笔,进行倒勾和晕染。

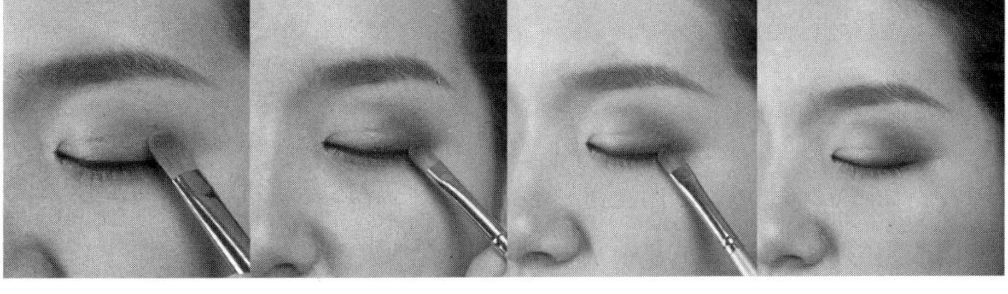

图 3－4－8　倒勾法步骤

②再从内眼角的睫毛根部起笔，进行倒勾和晕染。

③在眼窝内形成一个完整的眼球轮廓，使围绕着眼球轮廓的色彩由浅入深向外发散。

④把过渡不匀的地方做细部调整。得到突出而明显的眼影效果。

瞳孔法眼影效果如图3－4－9/彩图23所示，瞳孔法具体步骤如图3－4－10/彩图24所示。

瞳孔法同样是极富立体感的化妆方式，它和倒勾法的主要区别在于妆效突出，在内外眼角都有明显的色彩，所以常用于宴会的化妆或用来调整眼间距过宽的问题。

眼影的表现是千变万化的，但是只要我们掌握了基础的方法，只需稍加改动，就可以得到更多的样式。比如，利用平涂的方法，选择的颜色重一些，晕染的范围大一些，我们就可以得到时尚的烟熏妆。再比如，利用倒勾的方法，把选择的顶角的位置远一些、高一些，我们就可以得到极具中国古典韵味的创意眼妆。所以，学习化妆必须从学习基础技法开始。

图3－4－9 瞳孔法眼影效果

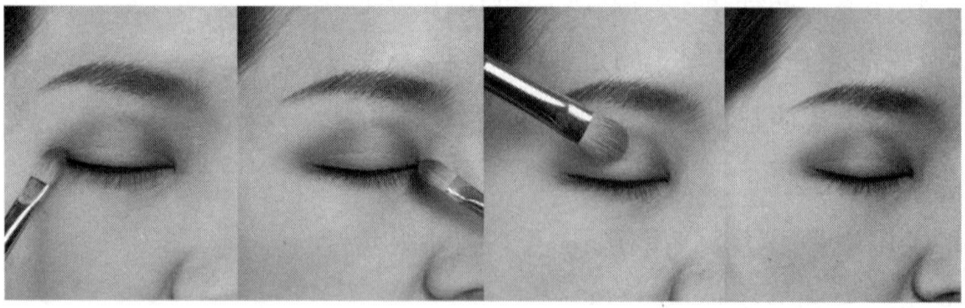

图3－4－10 瞳孔法步骤

二、眼线的描画

1. 眼线的功能

(1)使睫毛显得浓密。眼线是睫毛的影子，画眼线的目的是加强睫毛的阴影，因为阴影重可以使睫毛显得浓密，眼睛更有神采。

(2)修饰眼形。弥补眼部轮廓的不足，对眼形起到矫正作用。

(3)改变眼睛的表情。此种功能多用于影视剧中塑造角色的化妆。例如，在电视剧《倚天屠龙记》中的周芷若，为了塑造其在练魔功前后的不同形象，妆容方面眼线有很大变化。

2. 眼线的种类及特点

(1)眼线笔

眼线笔(如图3—4—11)有多种颜色可供选择。易于操作，但在表现方法上有一定限制。效果比较自然、柔和，但不清晰，造型能力不强。

(2)眼线液

眼线液(如图3—4—12)的化妆效果明显、夸张、醒目，持妆性强。但无延展性，不好晕开，线性效果明显。保质期短。

(3)水溶眼线

水溶眼线(如图3—4—13)有多种颜色可选择。有一定的延展性，适用范围广，保质期长。但需借助刷子和水源，操作较复杂。

(4)眼线膏

眼线膏(如图3—4—14)使用效果自然，操作简便。延展性强，定妆后持妆

图3-4-11　眼线笔

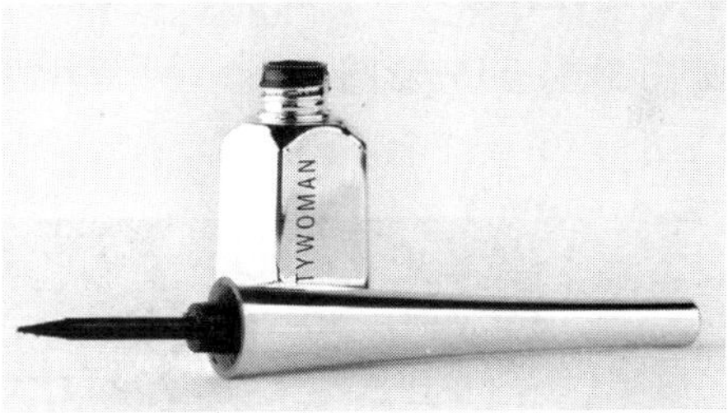

图3-4-12　眼线液

图3-4-13　水溶眼线

图3-4-14　眼线膏

时间长。但色彩选择余地小，多为黑色、棕色，保质期较短。

3. 标准眼线的画法

(1)先用手指提拉眼皮中部，从外眼角出发，沿睫毛根部向前描画(如图 3—4—15/彩图 25)。

(2)再提拉前部眼皮，从内眼角出发，沿睫毛根部向后描画，将睫毛根部空隙填补完整(如图 3—4—16/彩图 26)。

(3)由眼线的后 1/4 开始，进行尾部的加强，外眼角尾部可沿眼形弧度适当加长(如图 3—4—17/彩图 27)。

(4)为得到持久妆效，可再次提拉眼皮，并用定妆粉在眼线上定妆(如图 3—4—18/彩图 28)。

(5)然后用干净的眉刷，沿外延由后向前，再由前向后扫虚，得到自然效果(如图 3—4—19/彩图 29)。

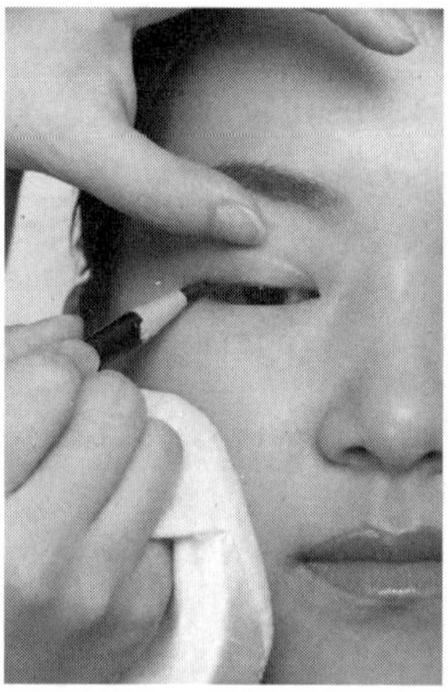

图 3-4-15　步骤一

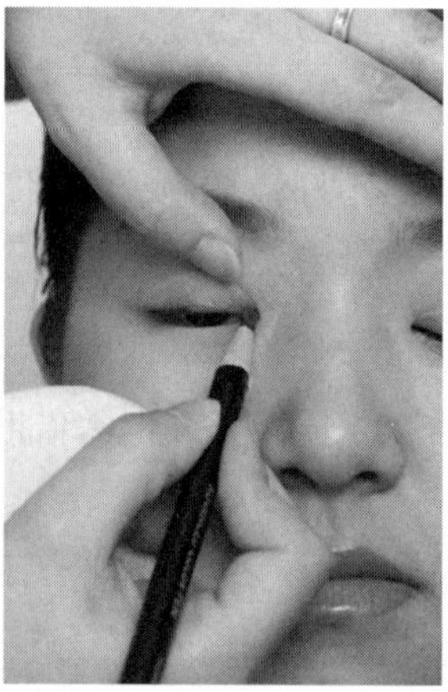

图 3-4-16　步骤二

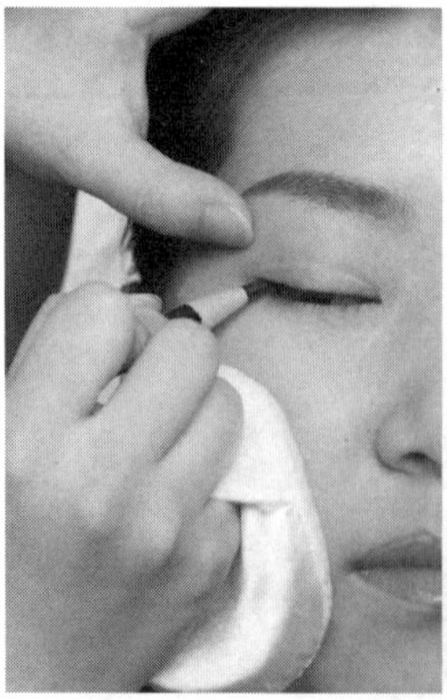

图 3-4-17　步骤三

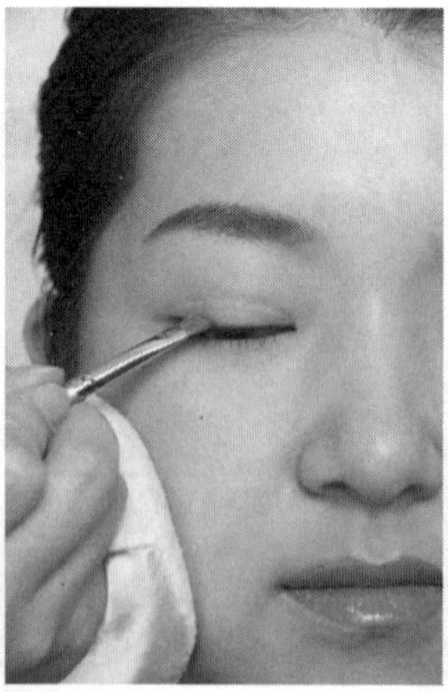

图 3-4-18　步骤四

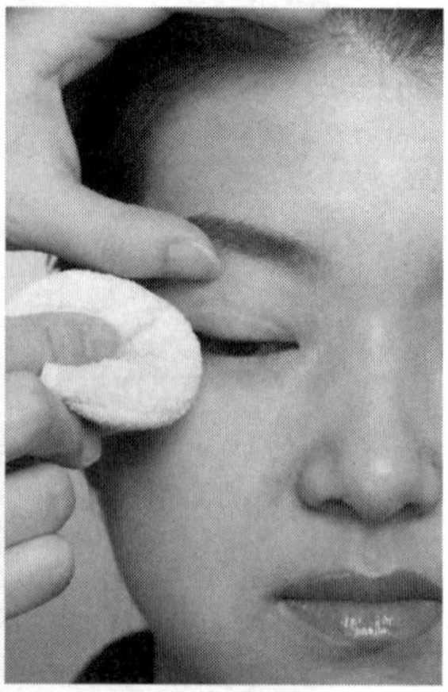

图 3-4-19　步骤五

三、睫毛的化妆

1. 用品与工具

(1)用品

①单支型睫毛膏。色彩丰富,多用于日常淡妆。或在需要粘贴假睫毛时,做睫毛化妆的打底工作。

②双支型睫毛膏。一支白色底膏使睫毛加浓加长,一支黑色或棕色染膏对睫毛进行染色、强调,浓密睫毛的效果更为明显。

③纤维型睫毛膏。一支绒毛纤维嫁接睫毛,一支黑色染膏加倍拉长和浓密睫毛。纤维型睫毛膏修饰效果明显、夸张,可达到种植睫毛的效果。

(2)工具

①睫毛夹。用于夹弯夹翘睫毛。

②睫毛梳。用于梳理睫毛。

③睫毛刷。把睫毛上粘连的碎块或多余的附着物刷掉。

2. 涂染睫毛的操作步骤

(1)视线向下,并提拉眼皮,将睫毛夹夹在距睫毛根部尽可能近的地方,停留5秒以上,然后夹睫毛的中部3秒,最后快速夹过睫毛梢(如图3—4—20/彩图30)。

(2)视线向下,利用睫毛膏Z字形涂染上睫毛(如图3—4—21/彩图31)。要横置刷头,左右眼交替涂抹,不要完全涂好一只眼睛的睫毛再涂另一只,否则易于粘连。

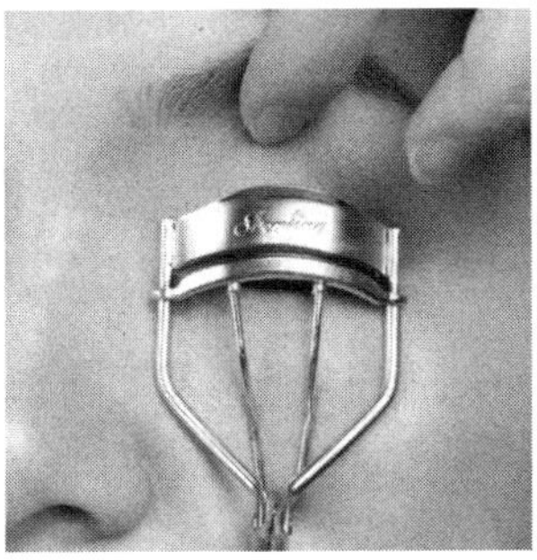

图3-4-20　步骤一

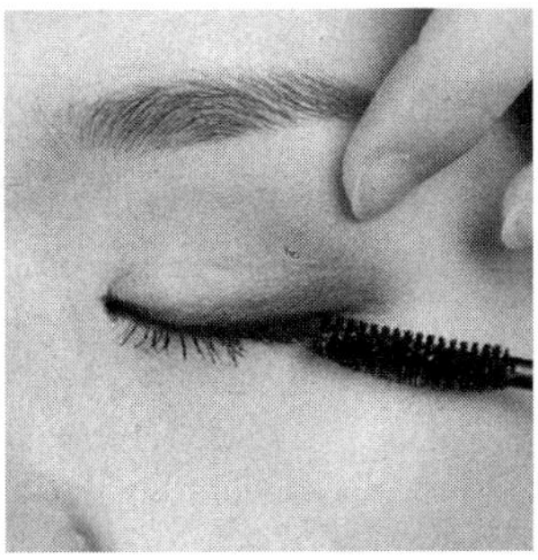

图3-4-21　步骤二

(3)用睫毛梳梳顺睫毛,防止结块(如图 3—4—22/彩图 32)。

(4)竖置刷头,涂染下睫毛(如图 3—4—23/彩图 33)。

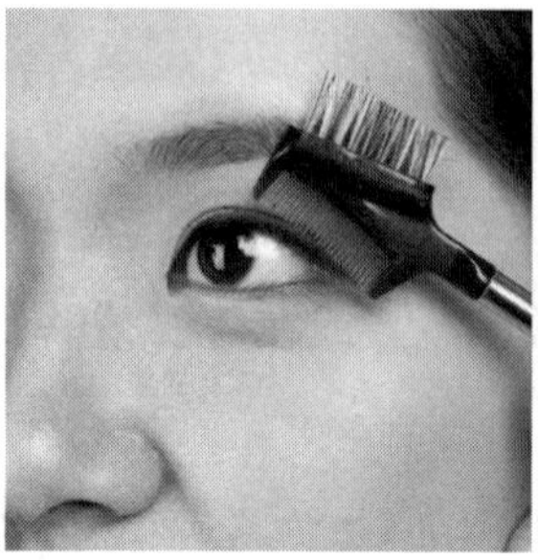

图 3-4-22　步骤三

图 3-4-23　步骤四

3. 假睫毛的使用

相比于睫毛膏,假睫毛能够立即对睫毛产生装饰效果。粘贴假睫毛操作简单,使用效果明显,同样也成为现代化妆技术中的重要环节。

(1)假睫毛的种类及特点

①疏细自然型

疏细自然型假睫毛(如图 3—4—24)多为手工编织,梗、毛非常细,长短适宜。效果真实自然,适合于日妆或自然效果的妆面。但不易保存,使用后易变形。

②中重型

中重型假睫毛(如图 3—4—25)中间长,两边短,疏密程度一致,单根排列。较适合年轻女性使用,有加强瞳孔的效果,能使眼睛变圆,使人显得活泼、可爱。

③V 字形

V 字形假睫毛(如图 3—4—26)疏密度相同、长短相同,一撮一撮排列。效果夸张,多用于舞台表演,在远处可形成一根一根卷翘分明的视觉效果。

④间隔型

间隔型假睫毛(如图 3—4—27)在自然型的基础上,局部增加睫毛的浓密效果,多用于平面拍摄。

⑤外重型

外重型假睫毛(如图 3—4—28)内眼角向外眼角逐渐增长。多适合于成年女性，会增加眼神成熟妩媚的效果。

⑥交叉型

交叉型假睫毛(如图 3—4—29)睫毛之间出现交叉。能够强调上眼线的效果并使睫毛看起来比较蓬松。效果自然，使人显得温柔、甜美。

⑦浓密型

浓密型假睫毛(如图 3—4—30)整排密集排列。能够塑造出洋娃娃般的夸张效果，多用于舞台上的舞剧、歌剧。

⑧断开型

断开型假睫毛(如图 3—4—31)单撮、短小。多用于强调局部，如外眼角和眼球中部，从而达到外重型和中重型的效果。

⑨特殊型

特殊型假睫毛(如图 3—4—32)出现变形或改变质地，如超长型假睫毛、羽毛型假睫毛等。效果夸张，富有戏剧性，多用于时尚创意类的化妆。

图 3－4－24 疏细自然型假睫毛

图 3－4－25 中重型假睫毛

图 3－4－26 V 字形假睫毛

图 3－4－27 间隔型假睫毛

图 3－4－28 外重型假睫毛

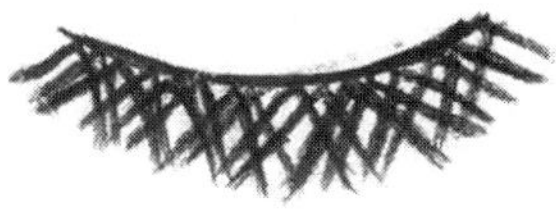

图 3－4－29 交叉型假睫毛

图 3－4－30 浓密型假睫毛

图 3－4－31 断开型假睫毛

图 3－4－32 特殊型假睫毛

(2)粘贴假睫毛的操作步骤

①夹弯真睫毛(如图 3—4—33/彩图 34)。

②对比个人眼形,修整假睫毛的整体长度和毛发长度,使能够贴合眼形(如图 3—4—34/彩图 35)。

③在睫毛立面上涂胶,等待胶半干后,先中间,再两边尽量贴紧睫毛根部粘贴,外端可以适当离开(如图 3—4—35/彩图 36)。

④用手或睫毛刷向上梳理睫毛,使外眼角处睫毛尽量翻翘(如图 3—4—36/彩图 37)。

⑤观察假睫毛梗部,确保每一部分都贴紧皮肤(如图 3—4—37/彩图 38)。

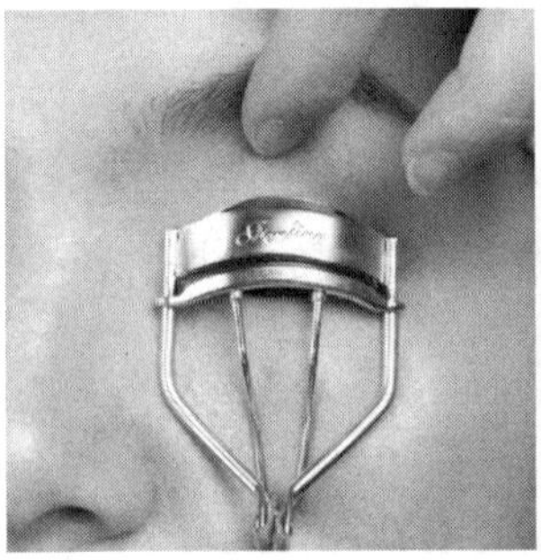

图 3-4-33　步骤一

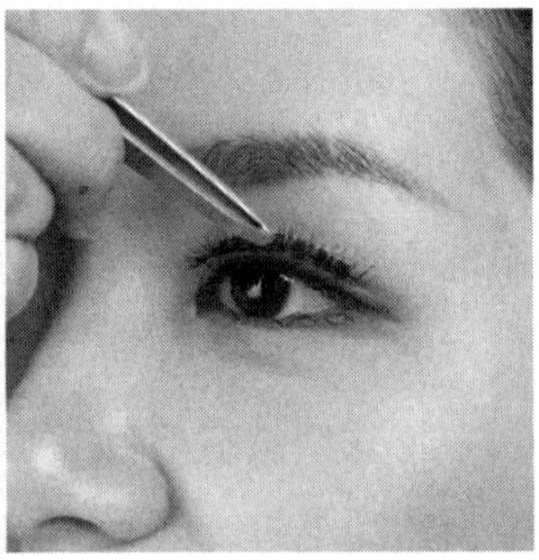

图 3-4-34　步骤二

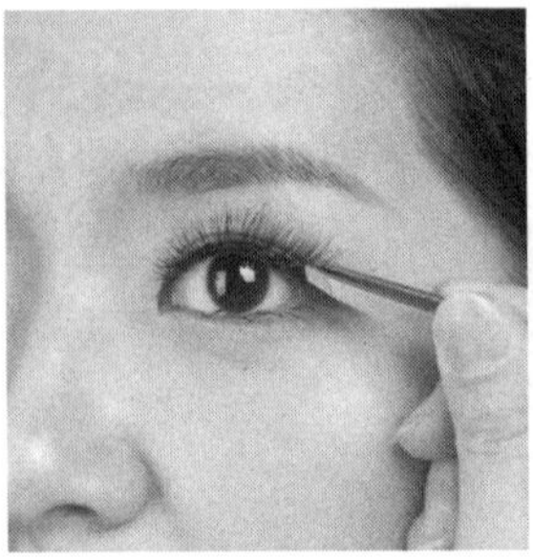

图 3-4-35　步骤三

图 3-4-36　步骤四

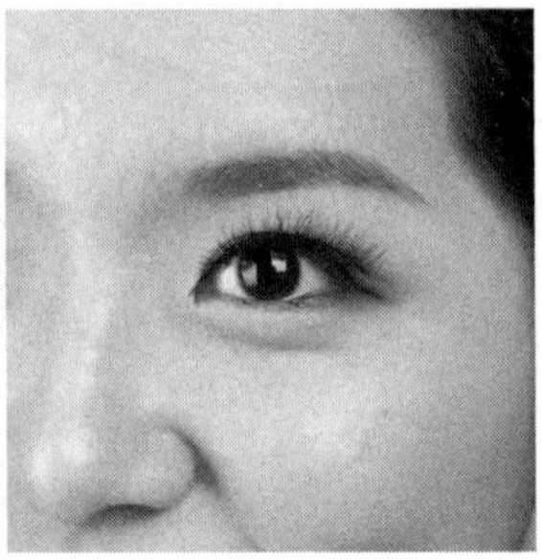

图 3-4-37　步骤五

第五节　面颊的化妆

相传自商纣时期燕国的妇女便采用红蓝花叶汁凝结为脂作为面彩修饰容貌,这就是现代腮红的起源,后来这种习俗经历过汉唐一直延续到清朝末年。为何这种化妆技法能够经久不衰,受到各个历史时期女性的欢迎,无疑和它的重要作用是分不开的。这看似简单的两抹红色,不仅带给人们好的气色,还能够平衡面部色调，增加面部立体感，可以说是整个面部妆容的点睛之笔。

一、腮红的种类

图 3-5-1 水质腮红液

1. 水质腮红液

水质腮红液（如图 3—5—1）可造成强烈、鲜艳的着色效果，需水洗方可去除。时尚领域运用较多。

图 3-5-2 膏状腮红

2. 膏状腮红

膏状腮红（如图 3—5—2）又称胭脂膏，能够很好地贴合皮肤，易于操作，效果真实自然，多用于定妆前。由于含油量较高，也常用于不定妆的化妆。

图 3-5-3 粉质腮红

3. 粉质腮红

粉质腮红（如图 3—5—3）是最常见的腮红形式，色彩选择余地大，装饰性强，多用于定妆后。

图 3-5-4 亮彩腮红

4. 亮彩腮红

亮彩腮红（如图 3—5—4）多为粉末状，并含有粗颗粒或细颗粒的珠光粉末，有光泽，能产生与众不同的、令人兴奋的装饰效果。多用于有人工照明场合的时尚类或晚会类化妆。

二、腮红的色彩

1. 自然色系

接近于面部产生自然的红润感，通常为肉粉、肉红、杏色等，能够营造出接近于裸妆的效果。

2. 粉红色系

色彩明亮并具扩张感。多适合于少女，但用量过度，会产生庸俗感。

3. 橘色系

色彩明亮、娇艳，可增加皮肤的饱满感和弹性感，并能在一定程度上消除皮肤的晦暗。

4. 玫瑰红色系

是带有蓝调的红色系，用于白皙的皮肤，会使人产生端庄、俏丽的感觉，可提高肌肤的透明感和亮度，适合于优雅、成熟的主持人形象。肤色较暗者慎用。

5. 红色系

适合面部轮廓清晰的或容貌比较有特色的，具有强烈个人风格的成年女性。

6. 棕色系

多用于体现脸形的立体效果，并可配合其他色系一起使用。

三、腮红的不同打法

1. 肌肉打法

肌肉打法（如图 3—5—5/彩图 39）又称万能打法，于笑肌上均匀打圈，可增添面部的健康色泽与青春活力。无论是影视剧中、舞台上还是日常生活中都普遍采用此种方法。

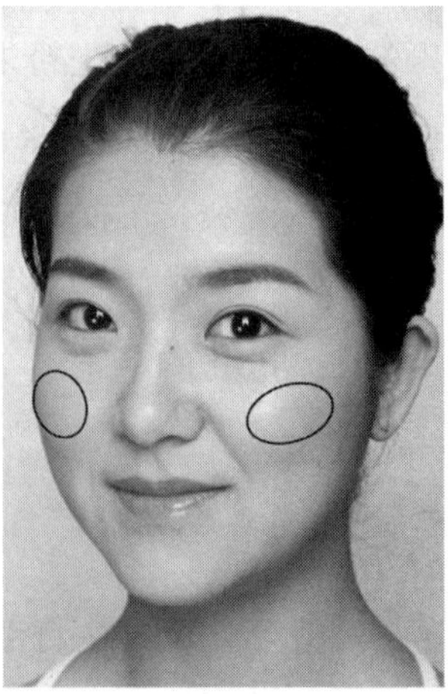

图 3-5-5　肌肉打法

2. 烘托打法

烘托打法（如图 3—5—6/彩图 40）用扁大刷从下巴下方、下颌两侧和太阳穴向内轮廓均匀涂刷。此技法多用于烘托光滑柔美的面颊，是护肤品广告多采用的方式。

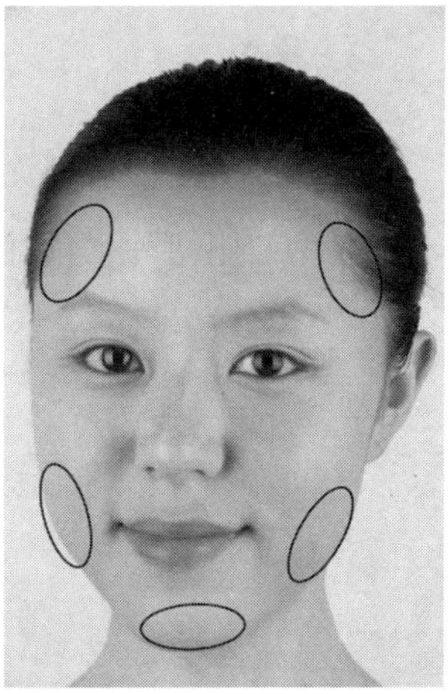

图 3－5－6　烘托打法

3. 特殊造型打法

特殊造型打法（如图 3－5－7/彩图 41）多适用于影视剧中塑造人物，如喝醉酒的红晕、高原地带少数民族面颊上的“高原红”等。

4. 创意打法

创意打法（如图 3－5－8/彩图 42）多采用几何图形进行艺术创造。

图 3－5－7　特殊造型打法

图 3－5－8　创意打法

四、工具

1. 圆形刷或斜面腮红刷

最常用的上妆工具，方便快捷。

2. 小粉扑

色彩扎实，装饰感强。

3. 棉花

可以创造出似有似无的自然妆效。

无论使用何种工具，注意少量多次才能表现出妆容的层次。

第六节　妆面的协调与统一

面部任何一个部位的化妆都是服务于整体的，其目的都是为了塑造出一个清新美丽的整体形象。所以我们对于化妆的更高要求，就不仅是掌握某种局部的技法，而是要培养审美的眼光，把相适合的色彩、质感组合在一起，达到整体妆容的和谐统一。

一、色彩的搭配

女性面部妆容体现色彩的部分主要有：眼影、腮红和口红。其常见的搭配方式有：

1. 协调柔和妆面

妆面色彩总体相一致，也就是腮红色、唇色、眼影色在同一个稳定的色系里，这是最常用、最安全的配色方法（如图3－6－1/彩图43）。例如粉紫色的眼影搭配粉红色的腮红和粉红色的唇色。总之，三种颜色要符合同冷同暖的原则。

图3－6－1　协调柔和妆面

2. 强调眼妆妆面

腮红色、唇色选择同一色系，以强调眼妆（如图3－6－2/彩图44）。相同的腮红色和唇色营造出统一的环境色，这时特殊的眼妆色彩会变得突出，达到万绿丛中一点红的装饰效果。重点突出，主题明确，是现代流行妆容的代表。例如橘色的腮红、橘色的唇色搭配绿色眼影。

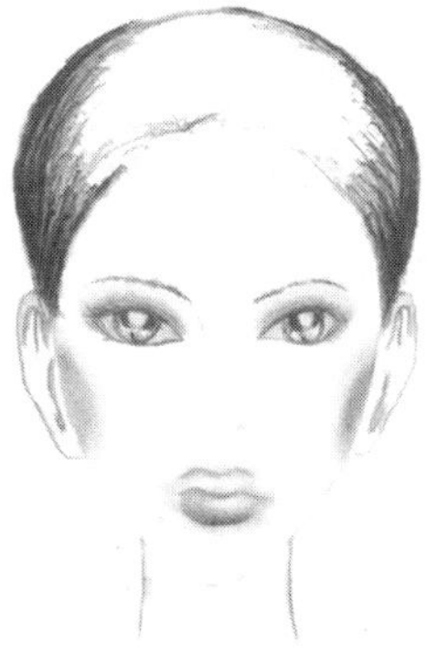

图 3-6-2　强调眼妆妆面

3. 强调唇妆妆面

眼妆与腮红色选择同一色系，以强调嘴唇（如图 3—6—3/彩图 45）。强调唇色的妆容带有明显的复古情结，给人高贵、性感的视觉感受。例如米色或浅金色的眼影、棕色腮红搭配大红色的唇色，俨然 20 世纪 60 年代好莱坞女星形象。

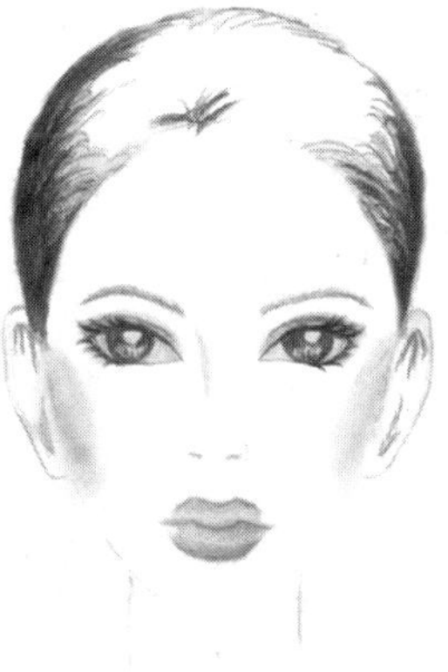

图 3-6-3　强调唇妆妆面

4. 强调腮红妆面

眼妆与唇色选择同一色系，以强调腮红（如图 3—6—4/彩图 46）。此种做法多用于创意彩妆，生活中较少运用，打造出有悖于常理的别致的艺术效果。例如裸色的眼影和裸色的唇色搭配紫罗兰色的腮红。

为达到妆面的协调，一般极少采用三个部位三种色调，因为重点太多反而失去了重点，显得杂乱无章。

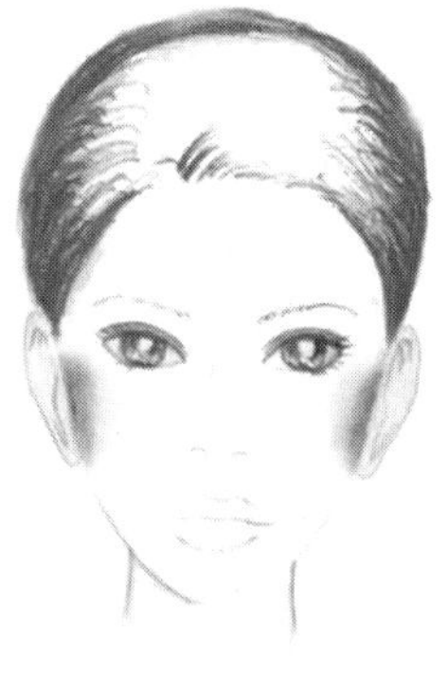

图 3-6-4　强调腮红妆面

二、质感的组合

化妆品的质地一般分为亚光和珠光，其区别在于是否含有反光颗粒。一般来说，亚光质感通常给人成熟、知性、大方的感受，而珠光质感则给人娇艳、华丽的感觉。常见的搭配方式有以下几种：

1. 亚光 + 亚光 + 亚光

全部采用亚光质地，面部干净清新，知性、理性的气息扑面而来，显示出高贵的气质。

2. 亚光 + 亚光 + 珠光

常用的搭配方式，适用范围广，能够很好地突出重点。

3. 亚光 + 珠光 + 珠光

面部璀璨闪耀，富有华丽感，多应用于隆重的宴会或晚会，能够充分展现女性魅力。

为达到妆面的协调，一般不全部采用珠光质地，过多珠光元素的堆砌会影响整体气质，易产生俗艳的感觉。

第四章　播音员主持人矫正化妆技法

每个人的外貌都有属于自己的优势和劣势。如何突出自身优势、掩盖面容缺陷，最大限度地美化个人形象，这就是矫正化妆工作的重要内容。

第一节　标准的脸形比例

既然称之为“矫正”，就必须有一个“正”的标准，即向着什么目标去“矫”。在中国传统的审美观念里，外貌美的标准要符合标准的脸形比例，也就是“三庭五眼”的要求。

一、三庭

所谓三庭(如图4—1—1)，是把人的面部在纵向上划分的三个区域。上庭指的是从前发际线至眉心的距离，中庭指从眉心至鼻底的距离，下庭指从鼻底至下颌隆凸的距离。

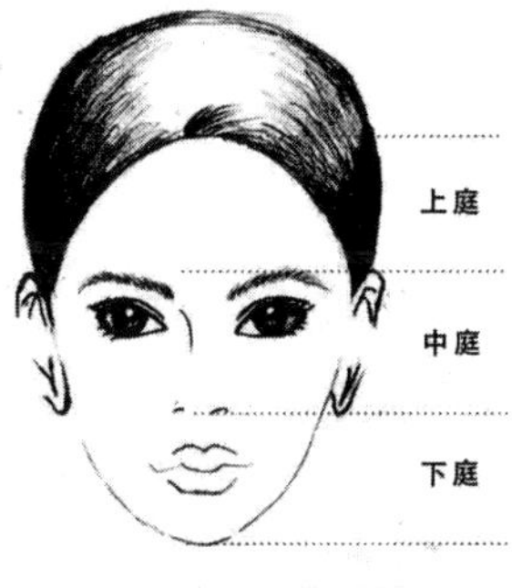

图4-1-1　三庭划分

在标准的脸形中，这三段距离应该等长。如果其中一段距离偏长或偏短，都会影响到面部的美观。

上庭长，额骨宽、发际线高，会使人显得比较聪明，但上庭过长会使五官看起来不够舒展；上庭短，会显得下巴厚重，使人看起来不够秀气、灵巧。

中庭长，主要是因为鼻子过长，会拉长整个脸形，使面部线条硬朗，不够生动和柔和；中庭短，主要是因为鼻子短，使五官紧凑，使人人显得稚气、憨厚。

下庭长，主要表现为下巴长，使人显得精明、清高，但缺乏亲和力；下庭短，主要表现为下巴短，使人显得小巧、可爱，但下巴过短，会使面部与脖颈界限模糊、面部轮廓不够清晰，使人显得鲁莽、冲动，不够精致。

二、五眼

所谓五眼（如图 4—1—2），是以双眼的中心为水平线，把人的面部在横向上划分的五个区域，即从侧发际线至左眼外眼角、左眼长度、两眼间距、右眼长度、右眼外眼角至侧发际线这五段距离。

在标准的脸形中，这五段距离也应该相等，并且每段都等于一只眼睛的长度。五眼距离对面部比例的影响，主要是由两眼间距引起的。

若两眼间距大于单眼长度，会使人显得比较温柔、随和、亲切，但眼间距过大就会使目光散乱，使人显得不够聪明、缺乏智慧。

若两眼间距小于单眼长度，会使人显得精明、专注，但眼间距过小就会使人看起来过于严厉、紧张，性格不够随和、心胸不够开阔。

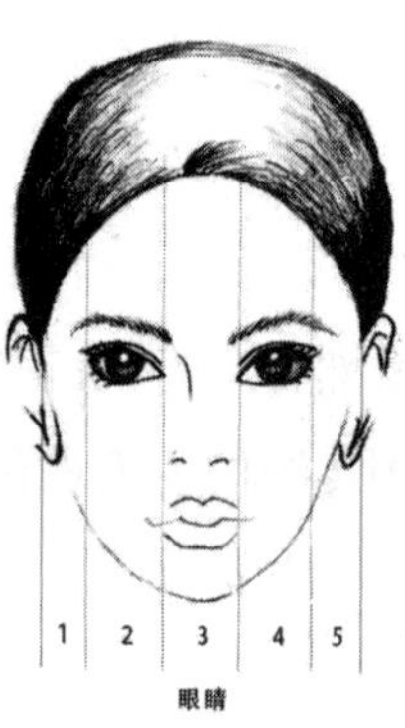

图 4－1－2　五眼划分

第二节　脸形的矫正

可以起到矫正脸形效果的因素有很多，如发型、服装的领形、医学美容等。本节所讨论的脸形的矫正，是利用化妆技法在视觉上改善个体面部内外轮廓的比例。

一、利用明暗关系矫正脸形

这是最常用、效果最明显的脸形矫正方法，主要通过在面部施加高光和阴影，增强立体效果，来改善面部的内外轮廓。

1. 高光色

(1)高光色的选择

电视镜头前的播音员主持人，高光色常选用修容粉饼中含黄色基调的米色，因为它在演播室暖光源的照射下，会和粉底色形成效果自然的过渡和连接。有时也会选择膏状高光，甚至亮一个色号的粉底。不应选择白色、银色或肉粉色，否则在镜头中脸部会出现过亮的光斑，面部不够干净、柔和。

(2)高光色的作用

可以在面部产生加强、突出和强调骨骼结构的效果。

①加强：使立体效果明显，即前凸的部分更前凸。

把高光色施打在前额，可以扩充额角，使面部形成上大下小的视觉效果，接近标准脸形。另外，额部高光还可使具有年龄感的额头饱满光洁，在视觉上有抚平皱纹的效果。

把高光色施打在鼻梁上，可以强调鼻梁，在视觉上增高该部位，得到挺拔的鼻形。

把高光色施打在眉骨上，眉骨前凸可相对使眼窝凹陷，使目光显得深邃。

把高光色施打在下巴(下颌隆凸)中部，可以强调下巴的存在感，视觉上拉长脸形。

②突出：使面部塌陷的部分挺出来。

把高光色施打在颧骨至眼下的三角区域，可使脸颊饱满、五官突出，在视觉上减轻眼袋和鼻唇沟的深度，使面部看起来年轻并富有光彩。对于年龄稍长的主持人，此矫正方法尤其适用。

③强调骨骼结构：可改变面部内轮廓，使东方人具有西方人的轮廓，具有骨感。

此种方式主要把高光色施打在颧骨和下颌角，增加骨骼突出度，配合阴影色，刻画出分明的骨骼结构。常用于影视剧和舞台类的化妆，有时也用于男性主持人的化妆，女性主持人较少使用。

(3)高光色的施打范围

①前额中部下至鼻梁

②眉弓骨

③颧骨至眼下

④下巴中部(下颌隆突)

⑤嘴角(如图4—2—1/彩图47)

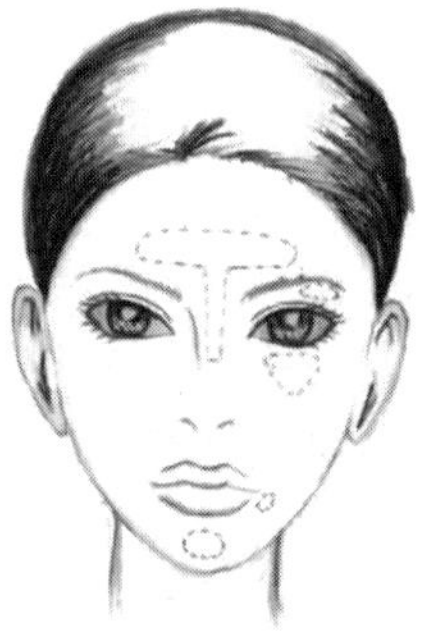

图4-2-1 高光色的施打范围

2. 阴影色

(1)阴影色的选择

主持人常选择修容粉饼中偏黄基调的浅棕色，有时也可选择膏状阴影和比肤色暗一号的粉底。不可选择偏红、过重的棕色，否则在光线照射下会显得面部不洁净、不自然。

(2)阴影色的作用

会在面部产生减弱、收缩及凹陷的效果。

①减弱：弱化五官之一，使之不明显。操作时用色最浅。

如果鼻翼过宽、过大，可将阴影色轻扫于鼻翼两侧，弱化鼻子的存在感，视觉上减小鼻子在整个面部中的比重。

②收缩：常用于面部容易出现浮肿的部位，使其在视觉上出现收缩效果，减少肿胀感、精致脸庞。操作时用色居中。

将阴影色由外向内施打于过宽的两颊，可以有效地收缩脸形，减少面部的臃肿感。

将阴影色施打于下巴下方至脖颈，可以有效地缩减双下巴，勾勒清晰的面部轮廓。

将阴影色施打于发际线周围，可帮助减小面部外轮廓，收缩脸形。但额头偏窄者慎用。

③凹陷：加深原本凹陷的部位，强调骨骼结构，塑造面部立体感。操作时用色最深。

沿鼻梁的弧度从眉头向鼻翼两侧施打阴影，可以强调鼻子结构。与高光色配合使用，强化明暗对比，可在视觉上形成高耸直立的鼻梁。

将阴影色施打于颧骨下的凹陷处，可使面部外轮廓棱角分明，增加面部的阳刚感，是男性主持人常用的修饰方法。

(3)阴影色的施打范围

①下颌角

②下巴下方至脖颈

③鼻翼两侧

③发际线周围

④颧骨下的凹陷处(如图4—2—2/彩图48)

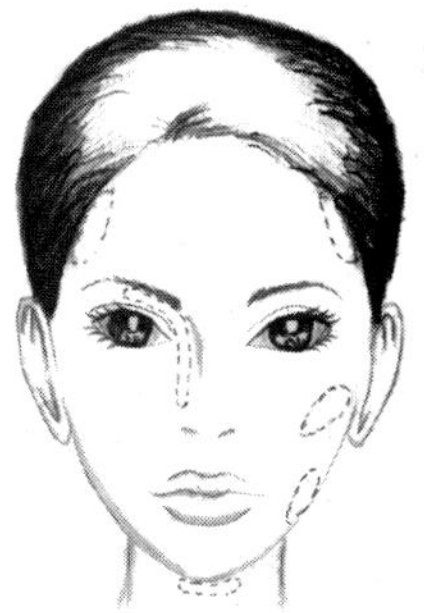

图4－2－2　阴影色的施打范围

3.高光色与阴影色使用的技术要求

(1)过渡一定要自然，不能和粉底有明显的界线。

(2)色彩要具有层次感，有深浅变化。

(3)位置及范围必须准确。

(4)色彩宜浅不宜重，范围宜小不宜大。

(5)高光色、阴影色的使用，主要根据个人的面部条件进行选择，不必面面俱到。

二、利用眉形矫正脸形

眉形影响脸形的主要因素是眉峰的位置和眉毛的走势。在标准眉形的基础上对以上两点进行调整，可在视觉上改变一个人的脸形，也可以得到不同风格的妆容。

1. 眉峰的不同位置及特点

(1)1/3 眉峰

眉峰位于整个眉形的后 1/3 处，是标准眉形的位置，适用范围广，各种脸形均适用。

特点：使人看起来端庄、大方。

(2)1/2 眉峰

眉峰位于眉形正中，眉毛弯度大，可以矫正颧骨过于突兀的棱角、增添面部的弧线感，也可增大眉眼间的距离。适合方形脸或面部棱角过于突出的女性。

特点：增加面部温柔、甜美的感觉。

(3)1/4 眉峰

眉峰位于整个眉形的后 1/4 处，眉形带有明显角度，眉峰较远，可以扩充面部内轮廓、丰满额头。适合菱形脸或三角形脸。

特点：利于表现时尚、前卫的个性形象。

(4)无眉峰(直线眉)

眉形没有明显转折，几乎呈直线状态，可使目光显得坚毅、硬朗。多用于男性眉形的塑造。

2. 眉形的不同趋势及特点

(1)水平形

眉头和眉梢在同一水平线上。这是标准的眉形走势，可为面部带来稳定感，适合于各种脸形。

(2)上升形

眉梢高于眉头，出现上升趋势。眉梢上升的角度越大，越有拉长脸形的效果。适合于圆形或五官紧凑的脸形。

(3)下降形

眉梢低于眉头，出现下降趋势。此眉形可增加面部的表情，使人显得慵懒和随性。在一定情况下，也有减低颧骨高度的作用。主持人的化妆较少运用。

综合考虑以上因素，我们可得出表 4—1：

表 4—1　眉峰位置、眉形趋势的适用对象

眉峰位置 / 眉形趋势	1/3 眉峰	1/2 眉峰	1/4 眉峰	无眉峰
水平形	 适合各种脸形	 适合方形脸、倒三角形脸，不适合圆形脸、椭圆形脸	 适合菱形脸，不适合方形脸、圆形脸	 适合长方形脸、椭圆形脸，不适合三角形脸、圆形脸
上升形	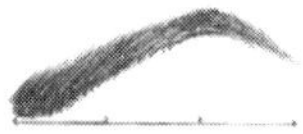 适合圆形脸、方形脸、三角形脸、倒三角形脸、菱形脸，不适合长方形脸	 适合方形脸、倒三角形脸，不适合三角形脸、椭圆形脸	 适合圆形脸、菱形脸、三角形脸，不适合长方形脸	 适合方形脸、椭圆形脸，不适合长方形脸、三角形脸
下降形	 较适合倒三角形脸，不适合菱形脸、三角形脸、方形脸、圆形脸	 除了特殊影视人物造型，较少使用此种眉形	 较适合椭圆形脸，不适合菱形脸、三角形脸、方形脸、圆形脸	 除了特殊影视人物造型，较少使用此种眉形

三、利用腮红矫正脸形

利用腮红修饰脸形，不仅可以增加面部的红润气色、增强面部的立体感，不同的腮红位置还可以对不够完美的脸形进行矫正。

1. 脸形偏圆

偏圆的脸形通常会较为短小，容易显得脸颊过胖。

矫正方法：为了使脸形看起来有窄长的效果，腮红应先以笑肌位置为起点打圈晕染，再向斜上方 45°的方向刷在脸颊的两侧（如图 4—2—3/彩图 49）。

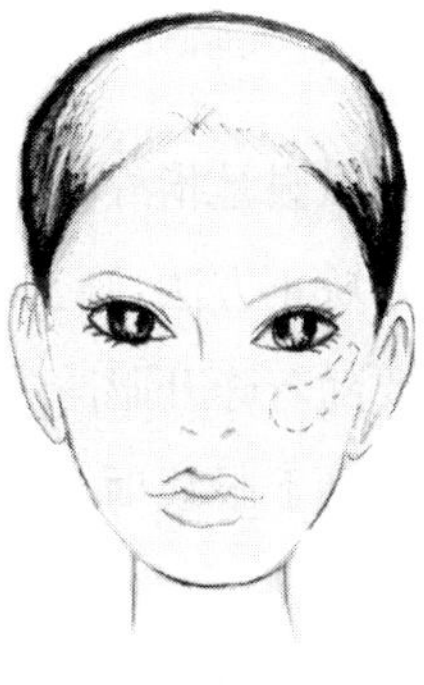

图 4－2－3　圆形脸的腮红矫正

2. 脸形偏长

偏长的脸形为使长宽比例协调，需要利用化妆技术把脸形做横向上的切割。

矫正方法：使用腮红的时候应从笑肌出发，横向轻扫在脸颊的两侧。也可选择性地利用腮红在发际线和下巴处轻扫，缩短脸形长度（如图4—2—4/彩图50）。

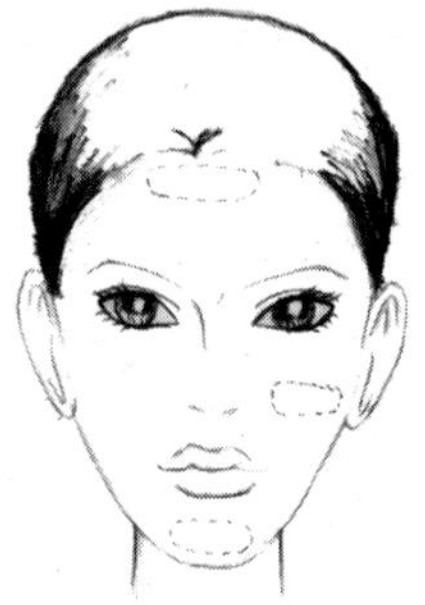

图4-2-4　长形脸的腮红矫正

3. 脸部棱角过多

棱角过多的脸形，一般以方形脸、菱形脸和三角形脸为主。此类脸形往往颧骨明显，令人感觉比较生硬、不够柔和。

矫正方法：使用腮红时应以颧骨和发际线的连接处为起点，沿颧骨位置斜向下涂刷，来修饰突出的颧骨（如图4—2—5/彩图51）。

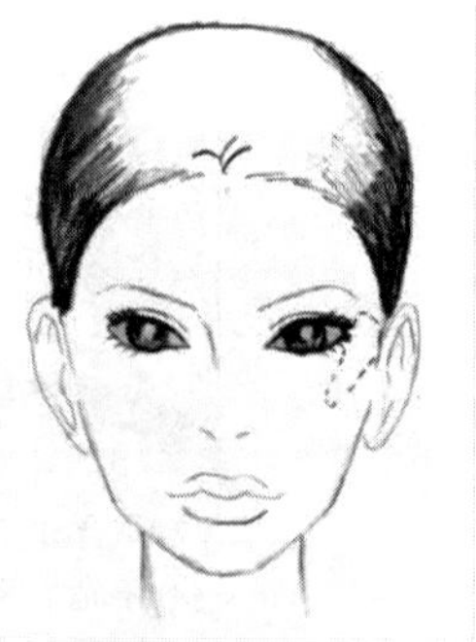

图4-2-5　棱角形脸的腮红矫正

第三节　五官的矫正

五官的矫正多用来改善个别部位的形态或面部内轮廓的比例问题。

一、眼形的矫正

常见的眼形及矫正方法有以下几种：

1. 凤眼

凤眼是指外眼角高于内眼角水平线，常给人锋利、机敏、严厉的感觉。

矫正方法：画上眼线时，由内眼角向外逐渐加宽，色彩加重。至尾部时，眼线要随着睁开眼睛的弧度略向下延伸，使得内外眼角间的高度差别减小。

画下眼线时，可从眼睛的后1/3处开始描画眼线，同样逐渐加宽，至尾部时，要与画好的上眼线连接，宽度要把上眼线留白的位置占满。

眼影可用瞳孔法晕染，加重内外眼角的色彩。尤其注意下眼影的面积可略宽些，以减弱眼尾上扬的感觉，使目光变得柔和。

凤眼的妆容矫正效果如图 4—3—1/彩图 52 所示。

2. 下垂眼

下垂眼是指外眼角低于内眼角水平线，通常给人温和、天真的感觉，缺点在于看起来不够精神。

矫正方法：画上眼线时，由内眼角向外逐渐加宽，至眼尾后 1/4 处时，轻闭眼睛，沿着眼角上扬的角度描画眼线并适当延伸，提升眼角。

画下眼线时，可从内眼角开始画出完整的下眼线，使两端颜色浓、中间与瞳孔相接的部分颜色淡。

眼影可用同一色系多色平涂的方式，晕染出层次，可加重上眼睑尾部的晕染，增加眼部的神采。而下眼影只需用浅色轻扫，晕虚眼线即可，不要过度强调。

下垂眼的妆容矫正效果如图 4—3—2/彩图 53 所示。

图 4－3－1　凤眼的妆容矫正

3. 肿眼

肿眼是指眼皮的脂肪过于厚重，常给人深沉、稳重的感觉，缺点在于眼睛没有神采、表情不够丰富，略显迟钝。

矫正方法：因为过于浮肿的眼皮会“吃掉”眼线的色彩，在画上眼线时，由内眼角向外可做加宽处理。

图 4－3－2　下垂眼的妆容矫正

画下眼线时，由内眼角向外逐步加粗，与上眼线连接。

为了增加浮肿眼睛的深邃感，眼影应选择浓重一些的冷色调，利用平涂或倒勾的方法由睫毛根部向上晕染，晕染的面积可略大一些。切忌使用暖色、淡色的珠光眼影，否则会增加眼皮的膨胀感。

肿眼的妆容矫正效果如图 4—3—3/彩图 54 所示。

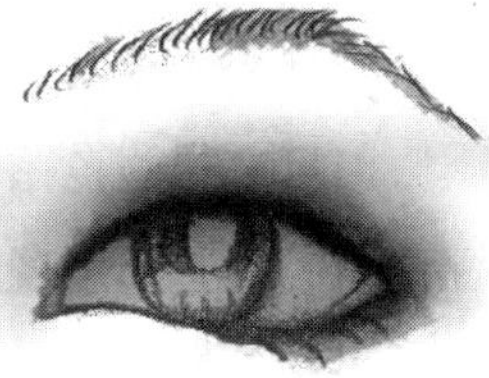

图 4－3－3　肿眼的妆容矫正

4. 凹眼

凹眼是指眉骨突出、眼眶凹陷、眼窝较深。这类眼睛立体感强，给人智慧、严谨的感觉，缺点在于容易使人看起来憔悴和阴沉。

矫正方法：画上眼线时，按照正常方式由内眼角向外逐渐加宽，色彩加重，至尾部适当延长。

画下眼线时，由眼睛的后 1/3 处开始描画眼线，与上眼线相接。注意下眼线不要全部画满，否则会把眼神框死，缺乏灵动的感觉，更显老气和阴沉。

眼影可选择倒勾的方式，打造出接近于西方人的欧式眼形，也可选择平涂的方式略微修饰。但无论选择何种方式，眼影的色彩一定要以浅淡、明快为主，以提高眼神的明亮度，不要用过深、过重的颜色。

凹眼的妆容矫正效果如图 4－3－4/彩图 55 所示。

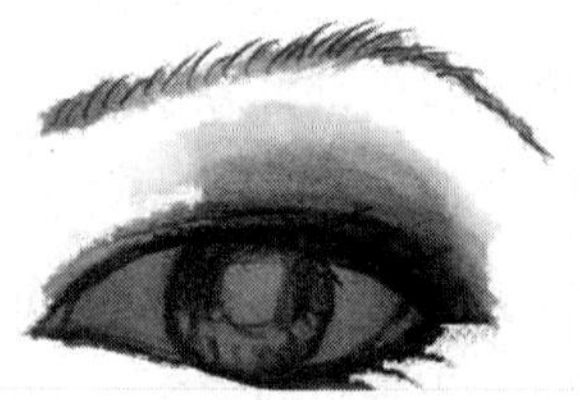

图 4－3－4　凹眼的妆容矫正

5. 间距远眼

间距远眼是指两眼间距离大于一只眼睛的长度，常给人温柔、随和的印象，缺点在于会使目光散乱，显得不够精明。

矫正方法：对于此类眼形的矫正，目的是强调内眼角，增加内眼角的存在感。

画上眼线时，先按照正常方式由内眼角向外略微加宽，至尾部适当延长，然后从上眼线的 1/3 处为起点向内眼角再次勾画、强调眼线。对于眼间距过宽者，可在保持眼睛平视的状态下向内接画出内眼角，起到“开眼头”的效果，减小双眼间距。要注意接出的内眼角要与画好的外眼角保持水平。

画下眼线时，可从内眼角开始画出完整的下眼线，使两端颜色浓、中间与瞳孔相接的部分颜色淡。注意眼头和上眼线的衔接。

眼影可选择同色系的多种颜色，利用瞳孔法晕染，着重内眼角的上色。运用深浅不同的色彩表现层次效果，可以起到将两眼间距离拉近的作用。

如果粘贴假睫毛，常使用中重型，增加双眼的集中效果。

间距远眼的妆容矫正效果如图4—3—5/彩图56所示。

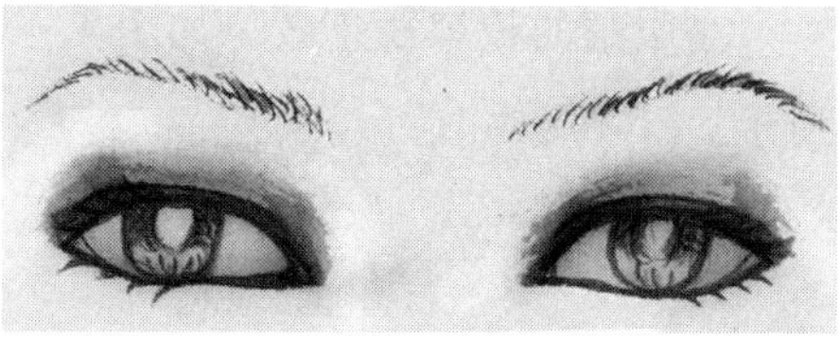

图4－3－5　间距远眼的妆容矫正

6. 间距近眼

间距近眼是指两眼间距离小于一只眼睛的长度,常给人精明、专注的印象,缺点在于使人看起来过于严厉、紧张、不够随和。

矫正方法:对于此类眼形的矫正,目的是强调外眼角,延伸外眼角的存在感。

画上眼线时,先按照正常方式由内眼角向外加浓、加宽至尾部,然后用眼线从外眼角水平向后拉伸至适当长度。再从上眼线的后1/3处为起点向外眼角再次勾画、强调眼线,与拉长的眼尾连接。将上眼线的空隙填充完整。

画下眼线时,由眼睛的后1/3处开始描画眼线,与上眼线相接。

眼影可选择平涂或倒勾的手法,着重在外眼角上色晕染。

如粘贴假睫毛,常使用外重型,再次加强眼尾、强调眼神的妩媚。在视觉上,使眼睛向两侧外移。

间距近眼的妆容矫正效果如图4—3—6/彩图57所示。

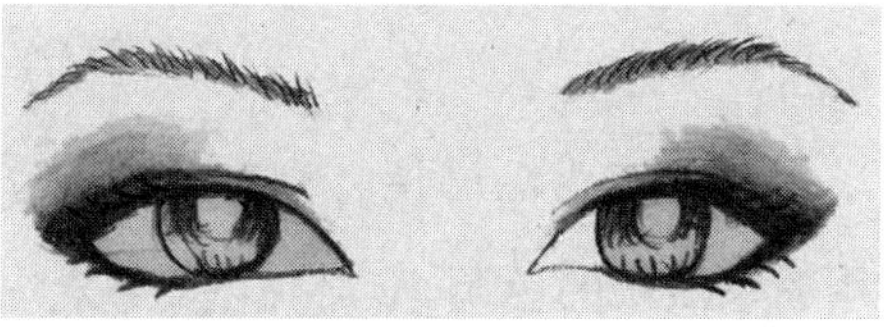

图4－3－6　间距近眼的妆容矫正

7. 小眼睛

小眼睛者以单眼皮居多,常给人温和、节制的印象,缺点在于很难引起别人的注意,难以突出个人气质。

矫正方法:画上眼线时,先按照正常方式描画眼线。然后从上眼线的1/3处为起点,向内眼角加强眼线并延伸内眼角。再从上眼线的后1/3处为起点,向外眼角加强眼线并延伸外眼角。最后沿此形状适当加宽眼线。

画下眼线时,可从内眼角开始画出完整的下眼线,使两端颜色浓、中间与瞳孔相接的部分颜色淡。注意眼头、眼尾和上眼线的衔接。

眼影通常选用同色系多色平涂的方法刻画层次,总体颜色使用偏浓重,晕染面积稍大,以达到眼睛的深邃效果。烟熏妆是小眼睛常用的眼妆修饰方法。

小眼睛的妆容矫正效果如图 4—3—7/彩图 58 所示。

图 4-3-7　小眼睛的妆容矫正

8. 大眼睛

大眼睛通常是人们所向往的眼形，但大眼睛通常会伴随眼袋过重、细纹明显的问题，易使人看起来疲倦。

矫正方法：大而明亮的眼睛已经足够吸引人们的注意，因此大眼睛的化妆不应再过于浓重，否则会给人俗艳的感觉，降低个人气质。大眼睛的化妆首先要做好遮瑕工作，避免倦容出现导致眼睛大而无神。

如有黑眼圈、眼袋、细纹等眼部问题，应选择专业的眼部遮瑕产品。不能单独使用粉底反复遮盖，这样既不能有效地改善问题，还会催生出新的眼部细纹。

画上眼线时，可按照正常方式描画眼线，应细而自然。

下眼线可画可不画。画下眼线时，只需由眼睛的后 1/4 处开始淡淡描画，与上眼线有所呼应即可。

图 4-3-8　大眼睛的妆容矫正

眼影的选择可选择淡棕色等裸色系，也可选用粉嫩淡雅的色调，应避免浓重或饱和的色彩。

大眼睛的妆容矫正效果如图 4—3—8/彩图 59 所示。

二、鼻形的矫正

鼻形的问题主要在于鼻子的长短和鼻翼的宽窄。

1. 鼻形过长

鼻形过长，相对会使鼻形显细，脸部拉长，不够精致。

矫正方法：于鼻中部涂抹高光，即从内眼角旁的鼻梁开始到鼻翼的上方结束。不能用高光提亮整个鼻梁，要注意下笔的位置，鼻根位置不要太高。可在鼻底略施阴影，鼻侧影不画为宜。

鼻形过长的妆容矫正效果如图 4—3—9 所示。

图 4-3-9　鼻形过长的妆容矫正

2. 鼻形过短

鼻形过短，会使五官紧凑，但面容略显幼稚，不够大气。

矫正方法：鼻侧影的上端与眉头衔接，下端直通至鼻底。高光色提亮整个鼻梁，上端可与额部高光衔接，尽量拉长鼻根到鼻头的距离。

鼻形过短的妆容矫正效果如图 4—3—10 所示。

图 4-3-10　鼻形过短的妆容矫正

3. 鼻翼过宽

鼻翼过宽，会使人显得憨厚、随和，但有时也会给人粗鲁的印象。

矫正方法：高光色的使用应窄而长，提亮整个鼻梁。鼻侧影的上端与眉头衔接，下端直通至鼻底，面积略宽，但应突出层次。即与高光相接的位置颜色最深，随着鼻翼的坡度逐渐变淡，勾勒出精致的鼻形。

鼻翼过宽的妆容矫正效果如图 4—3—11 所示。

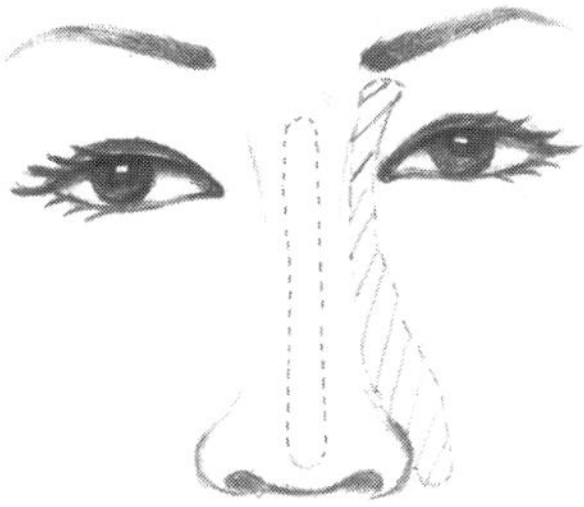

图 4-3-11　鼻翼过宽的妆容矫正

4. 鼻翼过窄

鼻翼过窄，会使人显得精明但略显刻薄。

矫正方法：高光色不应仅限于鼻梁的平面，可适当放宽，尤其在鼻头位置，可用高光打亮。鼻侧影上端与眉头相接，其间距在原有的位置上可适当放宽。鼻侧影用色要少，不需通至鼻底，由上向下逐渐变淡。

鼻翼过窄的妆容矫正效果如图 4—3—12 所示。

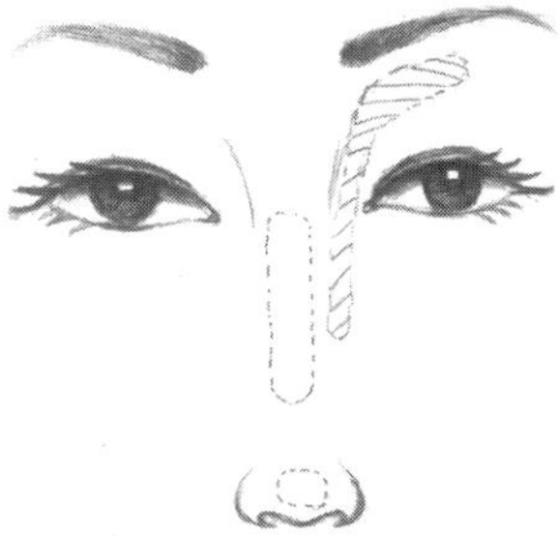

图 4-3-12　鼻翼过窄的妆容矫正

三、唇形的矫正

唇部的问题主要集中在唇部歪斜、由牙齿前凸造成的唇部变形和上下唇厚薄比例不当。

1. 唇部歪斜

唇部歪斜表现为唇部左右不对称。

矫正方法:用七点七线的勾唇线方法,先在相对标准的一侧唇找到唇锋点、唇角点和下唇底边的点。确定唇谷位置,再以唇谷的垂线为对称轴,于另一侧分别找到与之对称的点(无论它是否落于另一侧的唇上)。最后用圆滑的曲线连接七点,再用口红填充完整,可以得到标准对称的唇形。

唇部歪斜的妆容矫正效果如图4—3—13所示。

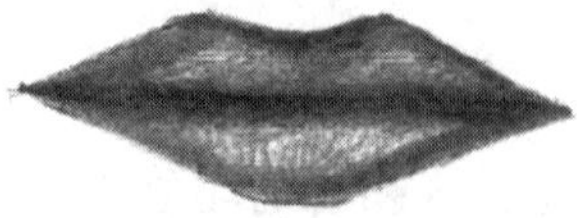

图4-3-13 唇部歪斜的妆容矫正

2. 唇部外凸

唇部外凸主要表现为牙齿和牙床的前凸造成的唇部变形。最有效的解决办法是利用医学上的牙齿矫正术,若以化妆的方式进行调整,主要依靠色彩明暗造成的立体效果,解决以下三种情况:

(1)唇中部凸起

矫正方法:先选择基础色(即想要得到的效果色)涂满唇形。再选择一个比基础色略深的色彩加重在上下唇的中部,使唇部产生阴影。暗色的收缩效果可以矫正唇中部凸起的现象,同时可使唇形显小,轮廓不明显。

唇中部凸起的妆容矫正效果如图4—3—14所示。

图4-3-14 唇中部凸起的妆容矫正

(2)上唇外凸

矫正方法:先选择基础色涂满唇形。再选择一个比基础色略深的色彩加重在上唇,可以矫正上唇外凸的现象。注意所选的加深色不可与基础色的差异太大,否则妆效不够自然,还会使人显得严肃、刻板。

上唇外凸的妆容矫正效果如图 4—3—15 所示。

图 4-3-15　上唇外凸的妆容矫正

(3)下唇外凸

矫正方法:先选择基础色涂满唇形。再选择一个比基础色略深的色彩加重在下唇,可以矫正下唇外凸的现象,还可以增强唇部的迷人感。

图 4-3-16　下唇外凸的妆容矫正

下唇外凸的妆容矫正效果如图 4—3—16 所示。

3. 上下唇厚薄比例不当

上下唇的标准比例约为 1∶1.2,上唇过厚或下唇过厚都会影响整个面部的美观。

(1)上唇比例不当

①上唇过厚

矫正方法:勾唇线时,在保证左右对称的前提下,适当降低两唇锋的高度,缩减上唇面积。涂抹口红时,先选择基础色涂满唇形,再选择一个比基础色略深的色彩加重在上唇。

上唇过厚的妆容矫正效果如图 4—3—17 所示。

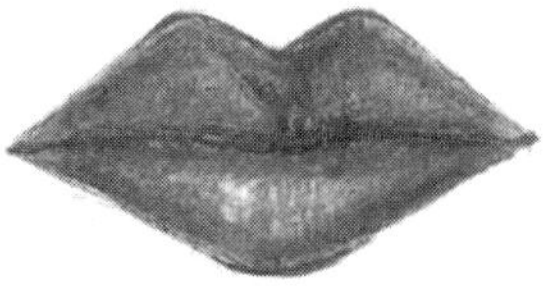

图 4-3-17　上唇过厚的妆容矫正

②上唇过薄

矫正方法:勾唇线时,应适当提高两唇锋的高度,增加上唇面积。涂抹口红时,先选择基础色涂满唇形,再选择一个比基础色略浅的色彩提亮在上唇,增加上唇膨胀的感觉。

上唇过薄的妆容矫正效果如图 4—3—18 所示。

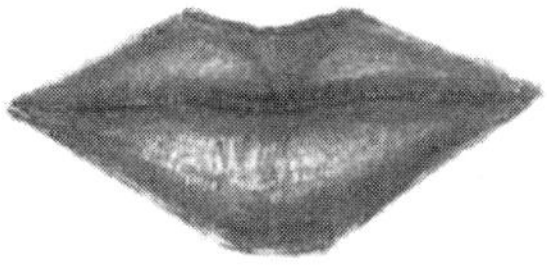

图 4-3-18　上唇过薄的妆容矫正

(2)下唇比例不当

①下唇过厚

矫正方法:原理如同上唇过薄的处理方法。勾唇线时,在保证底边水平的前提下,适当缩减下唇底边到口裂线的距离,缩减下唇面积。涂抹口红时,先选择基础色涂满唇形,再选择一个比基础色略深的色彩加重在下唇。

上唇过厚的妆容矫正效果如图 4—3—19 所示。

图 4-3-19　下唇过厚的妆容矫正

②下唇过薄

矫正方法:原理如同上唇过厚的处理方法。勾唇线时,应适当增加下唇底边到口裂线的距离,增加下唇面积。涂抹口红时,先选择基础色涂满唇形,再选择一个比基础色略浅的色彩提亮在下唇。

下唇过薄的妆容矫正效果如图 4—3—20 所示。

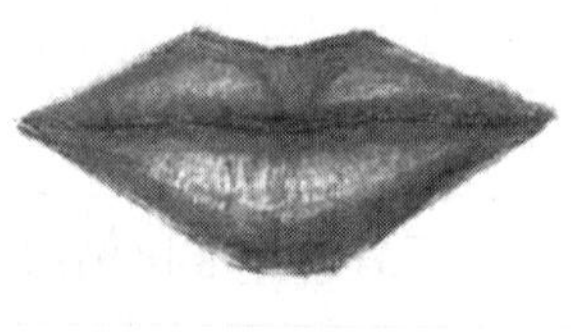

图 4-3-20　下唇过薄的妆容矫正

第五章　播音员主持人发型设计

第一节　头发的特点

想要拥有一款时尚、美丽的发型，不仅要有得力的造型用品、娴熟的操作技术，首先还要具备健康的发质。充分了解自身头发的特点，会帮助我们更好地养护自己的秀发，塑造出动人的发型。

一、头发的结构

1. 三大层

头发是一种由体内蛋白质的堆积硬化而形成的特殊组织，从物理角度来看，头发可分为三大层：

(1)表皮层

表皮层是头发的最外层，也是通常人们所说的"毛鳞片"层。它是一种从发根顺次排列至发梢的鱼鳞状薄片，对内部结构起到保护作用，同时也决定头发外观。若毛鳞片排列整齐、闭合，则头发光滑亮泽，若毛鳞片打开甚至脱落，则头发会显得干枯、毛糙。一般来讲，表皮层由 8—10 层的毛鳞片构成，但是表皮层的层数会因磨损分裂情况以及种族的不同而有所区别。

对于表皮层的保护，我们只需使用有修护作用的弱酸性洗发水，通过日常的洗发即可使毛鳞片闭合，达到头发的光亮柔顺。洗发频率以隔天一次为宜。

慎用含碱性较大的二合一功能的洗发水。

(2)皮质层

皮质层是头发的主要营养区，含有大量的纤维蛋白、角质蛋白、氨基酸等营养物质，它决定了头发的颜色、强韧度、弹性和生长方向。头发 75%—90%的成分都是由皮质层构成。

对于皮质层的护理，不能依靠日常的洗护。想要增加头发的强韧度和弹性，需要通过热压的方式透过表皮层而对皮质层直接输入养分，所以多是通过焗油实现。护理的频率应在 10 天左右为宜。

(3)髓质层

髓质层是位于皮质层中央的空心小管，髓质层的大小直接决定了头发的粗硬度。细软发质是没有髓质层的。此类头发不易造型也不易定型，很容易显得头形扁塌。

髓质层的结构一般由先天条件决定，不易改变。因此，缺乏髓质层的头发只能通过造型技巧使之变得蓬松、饱满。

2. 四大键

从化学成分角度来看，头发又包含四大键：

(1)氢键与盐键

氢键与盐键结合，构成头发的临时形态。其连接不很紧密，遇水会断开成游离状态，遇热重新组合。所以吹风造型可以塑造出不同的头发形态，就是改变了头发中氢键与盐键的组合方式。

(2)氨基键与二硫化物键

氨基键与二硫化物键结合，构成相对持久的头发形态。其连接紧密，一般不易打断。烫发药水中的化学物质可使二者断开，然后通过定型药水重新组合，直到下一次烫发时才会再次将其打断。所以，烫发比吹风的造型能力更持久。

二、头发的生长周期

人体头发的生长和替换并非连续不断，而是在胚胎时期就已经建立了周期性。一般来说,头发的生长周期可分为生长期、衰退期、停止期三个阶段,而每一根头发都分别进行着自己的生命进程。想要延长头发的生命周期,一定要养成正确的养发、护发概念。

每一根头发从毛母细胞分化出新的头发细胞开始,就进入了生长期。头发的生长期一般为 2—7 年,然后就进入衰退期,开始脱落了。在脱落的部位,一般经过约 3 个月的停止期,一根新的头发就又可从同毛囊中长出、进入新的生长阶段了。

在同一时期,约 10%的头发处于休止期,而其余 90%的头发处于生长活跃期。但头发的生长速度随着人的年龄老化而逐渐减慢。头发在健康的状态下,一个月能长 1 厘米左右。但是头发的生长速度不是绝对不变的,也会受季节和年龄的影响。春夏两季头发生长的速度就快,秋冬季节相对就慢。而我们通过头发的护理,使发根细胞营养有活力,维持较长的生长周期,就可以得到健康亮丽的秀发了。

在掌握了头发的构造,了解了头发的生长周期后,我们还要学会根据不同发质进行与之相适应的修整。

三、不同发质的护理及造型

1. 油性发质

皮脂分泌过多,头部的表皮及毛发均有粘腻之感,排斥水分,容易头痒。头发油腻者,大多与荷尔蒙分泌紊乱、遗传、精神压力大、过度梳理以及经常进食高脂食物有关。

(1)护理建议

①经常洗发,保持头发干爽。

②洗发时,水温不宜过热,否则会刺激油脂分泌。

③护发素只用于发梢,不要接触头皮。

④养成良好的生活习惯,少吃高脂肪食物,减少脂肪摄入。

(2)造型要求

油性头发容易粘腻、粘连,不易做蓬松造型、不易做卷、不易定型。因此,在造型过程中应多使用打毛的手法，增加头发的支撑力和固定性。

2. 干性头发

由于皮脂分泌过少，头皮干燥，头发干枯、没有光泽，而且容易打结，有干松之感。此类头发浸湿后难以梳理，有时会容易分叉，头发弹性差。拥有干性头发的人，可能是因为先天皮脂分泌不足，也可能是因为经常染烫造成的头发干燥。

(1)护理建议

①使用弱酸性的、质地温和的洗发水。

②头发的清洗不应过于频繁。

③可定期做焗油护理。

(2)造型要求

干性头发的主要问题是缺乏光泽度。因此，在造型过程中可以利用发油、发蜡、啫喱等造型品来提高头发的亮度及光感，使头发看起来更健康。

3. 中性发质

皮脂分泌正常，不油腻也不干燥。此类头发柔软顺滑，有弹性，光泽度好，是最健康的头发。

(1)护理建议

①按照隔天一次的正常频率洗发。

②经常修剪发梢，保持头发营养充足。

③尽量减少染烫次数。

(2)造型要求

中性头发光亮柔顺、易于造型。因此，在造型过程中可根据需要，进行不同尝试。

第二节　不同脸形的发型设计

选择发型时应考虑发质和脸部特征，但是不能忽略了一个重要的因素——

脸形。选择一款适合脸形的发型，可以全面为主持人的形象加分。

一、椭圆形脸

椭圆形脸又称鹅蛋脸，是最完美的脸形，通常不需要修饰，基本适合任何发型，可以根据风格需求任意造型。

椭圆形脸的发型搭配如图5—2—1所示。

图5-2-1　椭圆形脸的发型搭配

二、倒三角形脸

倒三角形脸上宽下窄，最接近于完美脸形，发型的选择范围比较宽泛，长发、短发均可，但此种脸形容易让人产生不易亲近的感觉。发型的重点应避免将全部发量向后梳理，这样完全露出的额头会让倒三角形更加明显，形象过于犀利。另外，顶部层次不要太高，可尽量伏贴，以免造成“头重脚轻”的感觉。简单的齐刘海或偏分的圆弧刘海可以增加形象的可爱度和亲和力，起到减龄的功效。

倒三角形脸的男士不宜留过短的发型，如寸头等。

倒三角形脸的发型搭配如图5—2—2所示。

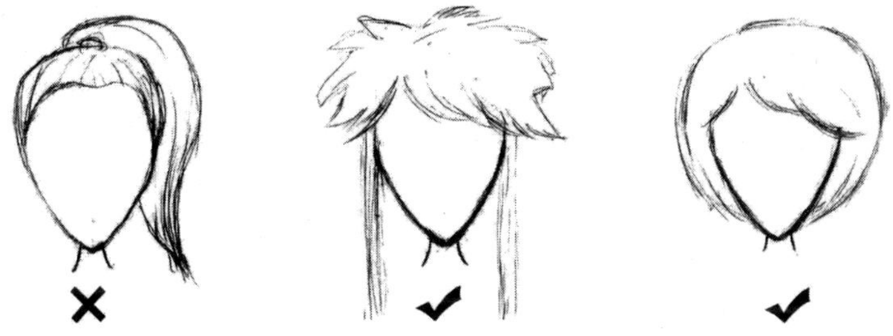

图5-2-2　倒三角形脸的发型搭配

三、圆形脸

圆形脸脸颊、下巴圆润，脸形较短，显得比较稚气、可爱，但不够职业、干练。发型的重点应避免让腮骨完全呈现出来，否则整张脸的比例看起来很大很扁。发型设计要尽量拉伸面部线条，必须要留刘海，齐刘海、人字形长刘海或有弧度的斜刘海均可，顶部头发升高，可选择具有层次感和凌乱感的发型来遮盖脸形。可选择有层次的长发或蓬松且具有结构感的短发，如果做卷发造型，则发卷不宜超过两耳上部。

圆形脸的男士容易显得孩子气，不宜选择传统沉稳的“三七式分头”，这样会加大脸形与发型的冲突。圆形脸的男性可选择中等长度的短发，并在前额剪出打薄的刘海。

圆形脸的发型搭配如图 5—2—3 所示。

图 5-2-3　圆形脸的发型搭配

四、方形脸

方形脸又称国字脸，有较为开阔的前额和方形的腮部，显得硬朗、刚强。发型的重点应尽量选用可以减少面部棱角感的发型，避免中分和过卷的卷发，长刘海二八分或长至眼睛的齐刘海加上添入弧度的波浪大卷或中卷，可以很好地柔化棱角分明的脸部轮廓，打造精致小脸。

方形脸的男士可以选择“三七式分头”，给人稳重的感觉。如果节目允许，也可以整烫出头发的纹理，这样可缓和整个头型曲线，化除方形脸给人的刻板印象。

方形脸的发型搭配如图 5—2—4 所示。

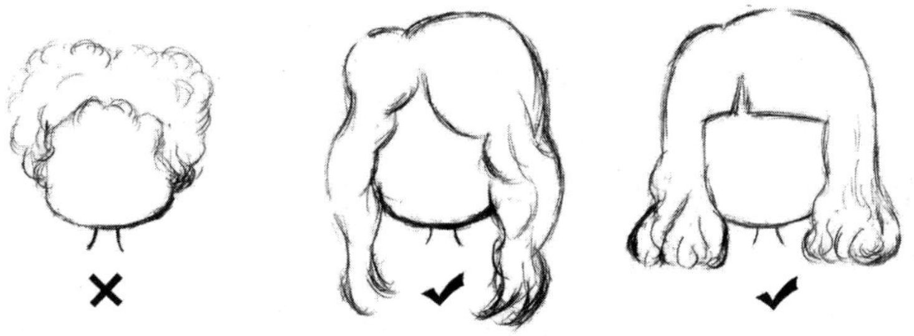

图 5-2-4 方形脸的发型搭配

五、长形脸

长形脸发际线高、下巴较大、脸形较长，容易给人忧郁、老成的感觉。发型的重点应尽量缩短脸形，避免中等长度和完全亮出额头的发型。遮住眉头的长刘海和厚重的齐刘海可以缩短脸的长度，具有层次感的长卷发和齐直长发可以很好地呼应形象，显得优雅、靓丽。如果追求个性形象，也可选择和刘海连为一体的蓬松短发。

这类脸形的男士应避免将两侧头发打薄，蓄留过长鬓角，应将前面刘海留长，然后模糊刘海分线，这样可在视觉上缩短脸形，显得具有活力和朝气。

长形脸的发型搭配如图 5—2—5 所示。

图 5-2-5 长形脸的发型搭配

六、菱形脸

菱形脸上额较窄、颧骨突出、下巴较尖，发型的重点应尽量扩充额角，避免使顶部伏贴，头发不宜过长。可用齐刘海中长直发修饰宽颧骨，也可以用带有卷烫弧度的中分刘海配合及肩的松散卷发来造型，时尚流行的 BOB 头也可在一定程度上起到降低颧骨的作用。

这类脸形的男士应避免头发过短或过长，可利用中长短发和蓬松刘海来修饰脸形。

菱形脸的发型搭配如图 5—2—6 所示。

图 5-2-6　菱形脸的发型搭配

七、三角形脸

三角形脸头顶和前额较窄、下颌角宽大，不易造型修饰。发型的重点应尽量保持顶部的蓬松，选择带有刘海的发型，切忌中分或头发过长。微卷蓬松的短发或具有层次感的中卷发，在视觉上可增加上额的宽度，使面部显得柔和。

三角形脸的男士造型方法与菱形脸相似，应避免发长过短或过长，中长短发保持头顶的蓬松。

三角形脸的发型搭配如图 5—2—7 所示。

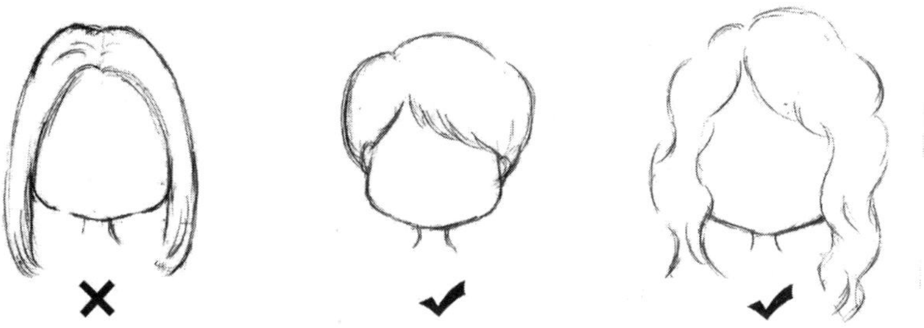

图 5－2－7　三角形脸的发型搭配

第三节　头发的造型工具

一、头发造型工具

1. 梳子

梳子(如图 5－3－1)主要包括以下几种：

(1)尖尾梳。头发的打毛、梳理工具，尾部还具有为头发分区的作用。

(2)排骨梳。具有站立发根、梳顺发丝的作用。多用于短发或额前的梳理或吹风。

(3)滚梳。有大小不同型号，具有聚拢发片、抚平毛糙发丝的作用，是吹风做卷的辅助工具。

(4)宽齿扁梳。用于梳理造型后纠缠在一起的毛躁头发。

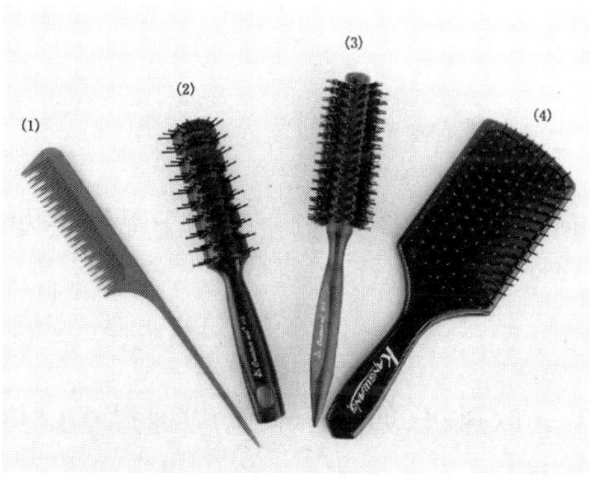

图 5－3－1　各类造型梳

2. 卡子

卡子(如图 5—3—2)主要包括以下几种:

(1)U 形卡。盘发时用于连接大发片或大体积假发件的工具。

(2)黑铁卡。头发造型时,连接发片、固定发型或假发的工具。

(3)鸭嘴扁夹。盘发时用于分清发区、固定散发的工具。

(4)钢卡。头发造型时,连接发片、固定发型或假发的工具。强度比黑铁卡大,但在头发中不如黑铁卡隐形。

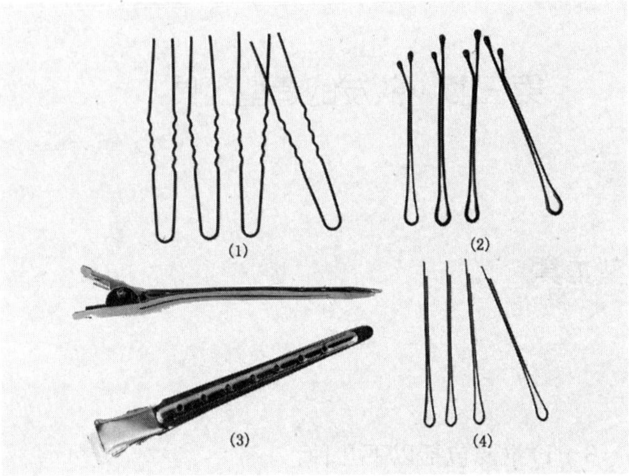

图 5-3-2　各类造型卡

3. 喷壶

喷壶(如图 5—3—3)用于喷湿头发,使头发易于梳理、吹风。

4. 吹风机

吹风机(如图 5—3—4)通过送出热风使头发顺滑蓬松或改变头发形态的工具。

图 5-3-3　喷壶

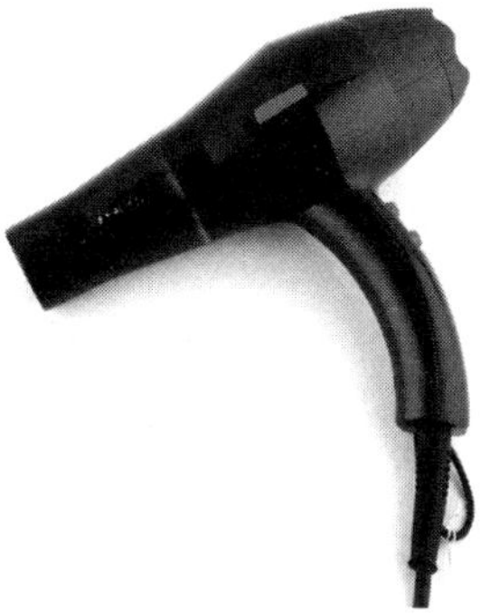

图 5-3-4　吹风机

5. 电夹板

电夹板(如图 5—3—5)多为平直夹板,是通电加热使头发伏贴顺直的工具。也有波浪形夹板,可增大头发间隙,使头发蓬松,视觉上有增多发量的效果。

图 5-3-5　电夹板

6. 电卷棒

电卷棒(如图 5—3—6)有大小多种型号,通电加热后可制作出或密或松的卷发造型。

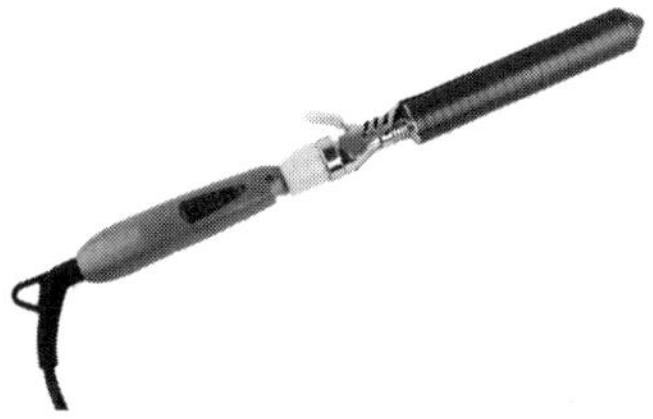

图 5-3-6　电卷棒

7. 电热卷

电热卷(如图 5—3—7)功能与电卷棒相似,需要加热后脱电工作,可多个发片同时定型。

图 5-3-7　电热卷

二、头发造型用品

1. 发胶

发胶(如图 5—3—8)是喷雾状的定型用品,定型快、强度大,适合任何造型方法进行最后的固定。另有彩色发胶,在定型同时可以瞬间上色,多用于创意性造型。

2. 发蜡

发蜡(如图 5—3—9)通过撑竖发丝达到立体效果,塑造凌乱、明确的线条。尤其适合短发造型和短竖发造型,使头发更有立体感和层次感。定型强度中等。

3. 摩丝

摩丝(如图 5—3—10)是吹风过程中的塑形产品,令头发具有纹理感、蓬松度和明显的弹性效果,并具有支撑发型的功能。定型强度中等。

4. 啫喱膏

啫喱膏(如图 5—3—11)多用于发型表层的增亮、光滑和定型。定型强度中等。

5. 弹力素

弹力素(如图 5—3—12)主要用于增加头发的丰盈感及弹性,清晰纹理。定型强度较弱。

6. 蓬松粉与蓬蓬水

蓬松粉与蓬蓬水(如图 5—3—13)通过揉搓瞬间支撑发根,加大头发间隙,视觉上增多发量,可造成头发丰盈蓬松的效果,也可为进一步造型做准备。

图 5－3－8　发胶

图 5－3－9　发蜡

图 5－3－10　摩丝

图 5－3－11　啫喱膏

图 5－3－12　弹力素

图 5－3－13　蓬松粉与蓬蓬水

第四节 头发的造型方法

一、吹风造型

1. 吹风机的使用方法

吹风机是由一组电热丝和一个小风扇组合而成的。同时开启电热丝和风扇，会使风扇吹出的风经过电热丝，形成热风。如果只开启风扇，那么吹出来的就只是冷风，冷风不具有造型能力。吹风机造型应注意以下几个方面：

(1)风筒和头皮应保持一定距离。使用吹风机造型的时候温度很高，所以风筒应始终距离头皮 10cm 以上，尽量避免让风筒碰到头皮或使热风垂直于头皮，否则容易导致皮肤烫伤。

(2)将头发分区吹。将头发分区吹会使造型对称、整体，更易定型。应先把上层的头发束到头顶，将下层的头发吹干、造型。接着将头顶的湿发放下后，再依次吹干、造型，否则表面的头发已经很干燥了，里面的发根还是潮湿的，头发不易成型。

(3)先吹发根部分。吹风机往往是对湿发或潮发造型，应先将发根吹干，然后再吹发梢，否则潮湿的发根渗透下来的水分无法使头发定型。

(4)顺着头发生长方向吹风。由于湿头发的毛鳞片是张开的，如果顺着头发生长的方向吹风，就可以让毛鳞片闭合。而倒着吹风则会使毛鳞片张开，这样头发会越吹越毛糙。

(5)不断移动吹风机。吹风机长时间不移动，会使热量集中在一个部位，容易导致头发受损。所以，正确的方法是吹风机不断移动，这样受热均匀、不易损伤头发，造型也会更加对称。

2. 各种吹风造型

(1)女短发造型

选用功率合适的吹风机、滚梳和发胶。

具体步骤:①将头发分为上中下三层,上面两层分别用鸭嘴夹固定于头顶(如图 5—4—1/彩图 60)。

②先把下层的头发分片固定在滚梳上,滚梳平行于地面,向内旋转 1.5—2 圈,吹风机上下给风,约停留 6—10 秒钟(如图 5—4—2/彩图 61)。

③再分别将中上两层放开,重复上述步骤(如图 5—4—3/彩图 62)。

④接着将刘海固定于滚梳上平卷,吹风机停留 5 秒左右(如图 5—4—4/彩图 63)。

⑤最后梳理整形,喷上发胶(如图 5—4—5/彩图 64)。

此造型运用比较广泛,多见于谈话类节目、生活服务类节目或娱乐类节目的女主持人。

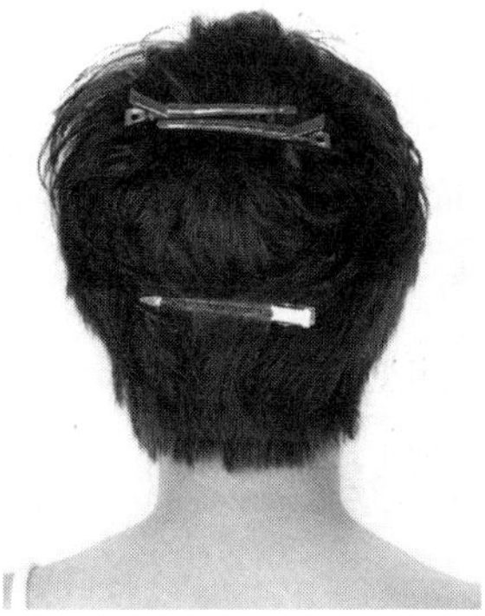

图 5-4-1　步骤一

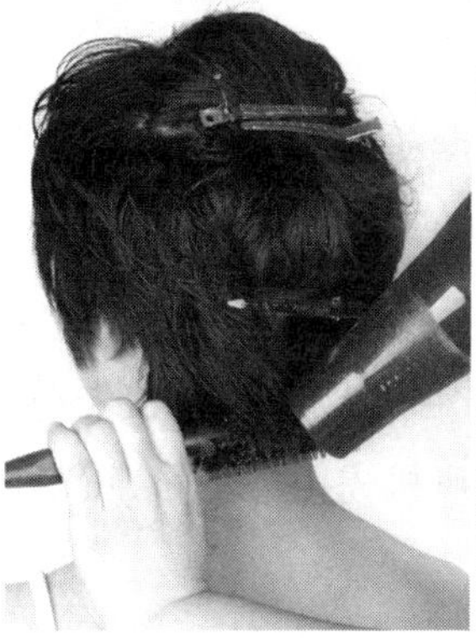

图 5-4-2　步骤二

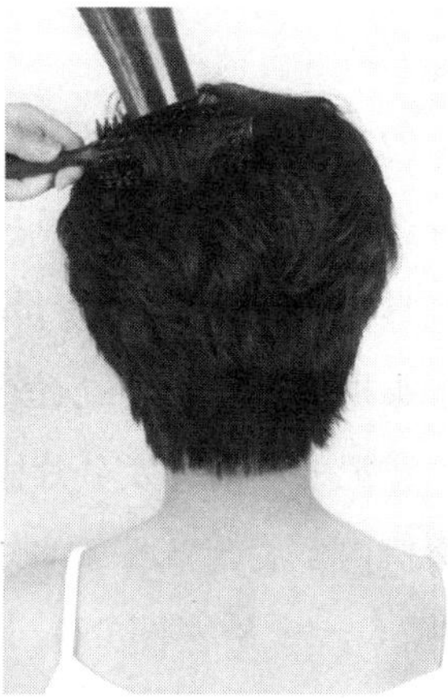

图 5-4-3　步骤三

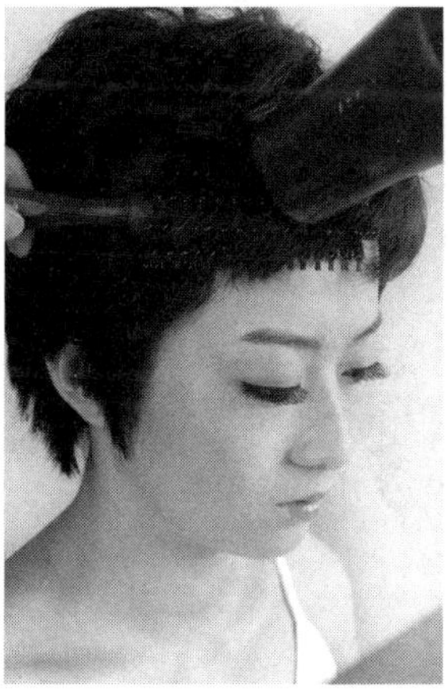

图 5-4-4　步骤四

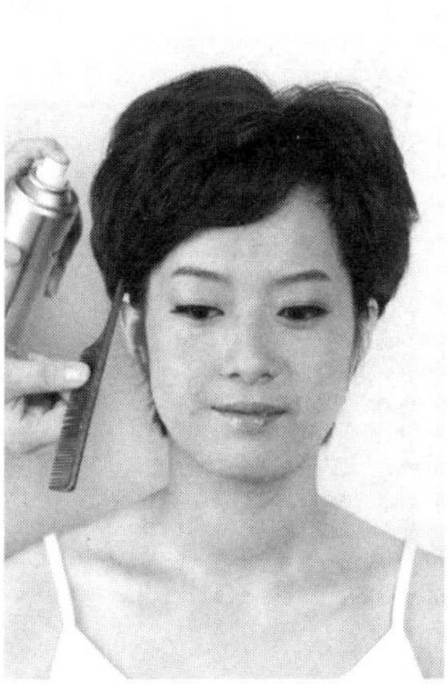

图 5-4-5　步骤五

女短发造型效果如图 5—4—6/彩图 65 所示。

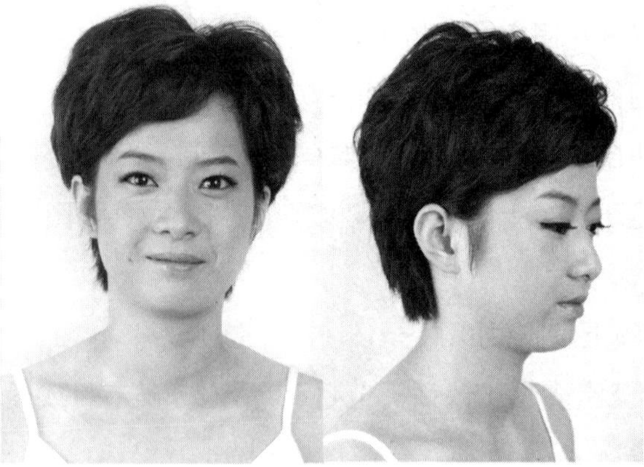

图 5-4-6　女短发造型效果

(2)女长发造型

选用功率合适的吹风机、滚梳、发胶、摩丝或泡沫发蜡。

具体步骤:①根据发量将头发分为 3—4 层,把上面的层次分别用鸭嘴夹固定于头顶,留最下面一层散于肩部(如图 5—4—7/彩图 66)。

②把下层的头发分片固定在滚梳上,滚梳先平卷、再竖卷,发梢留 3cm 不卷入滚梳内。旋转 2.5 圈,吹风机先内外给风、再整体给风,约停留 10 秒钟左右(如图 5—4—8/彩图 67)。

③再将上面的层次分别放开,重复上述步骤(如图 5—4—9/彩图 68)。注意两耳上发片的旋转方向必须一致。

图 5-4-7　步骤一

图 5-4-8　步骤二

图 5-4-9　步骤三

④然后将刘海固定于滚梳上平卷，吹风机停留 5 秒左右（如图 5—4—10/彩图 69）。

⑤最后用指肚沾上摩丝或泡沫发蜡，将发卷从下向上抓散，再喷上发胶定型（如图 5—4—11/彩图 70）。

此造型运用比较广泛，多见于谈话类目、生活服务类节目或娱乐类节目的女主持人。

女长发造型效果如图 5—4—12/彩图 71 所示。

图 5－4－10　步骤四

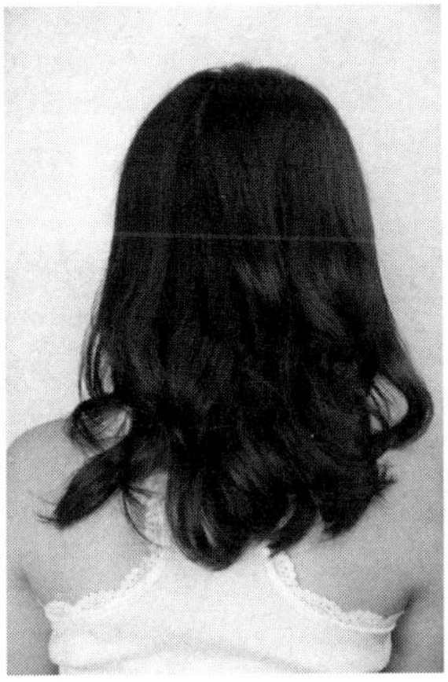

图 5－4－11　步骤五

图 5－4－12　女长发造型效果

(3)传统男发造型

选用功率合适的吹风机、排骨梳和发胶。

具体步骤：①沿着发际线，用排骨梳由发根向发梢翻转，吹风机内外给风 6—10 秒（如图 5—4—13/彩图 72）。如有刘海分线，则排骨梳要向分线两侧倾斜。

②用排骨梳把剩下的发区水平地由发根向发梢翻转，吹风机内外给风 6—10 秒（如图 5—4—14/彩图 73）。

③最后梳理整形，喷上发胶（如图 5—4—15/彩图 74）。

此造型多用于新闻节目、评论节目或谈话节目的男主持人。

传统男发造型效果如图 5—4—16/彩图 75 所示。

(4)时尚男发造型

选用功率合适的吹风机、摩丝和发胶。

图 5-4-13 步骤一

图 5-4-14 步骤二

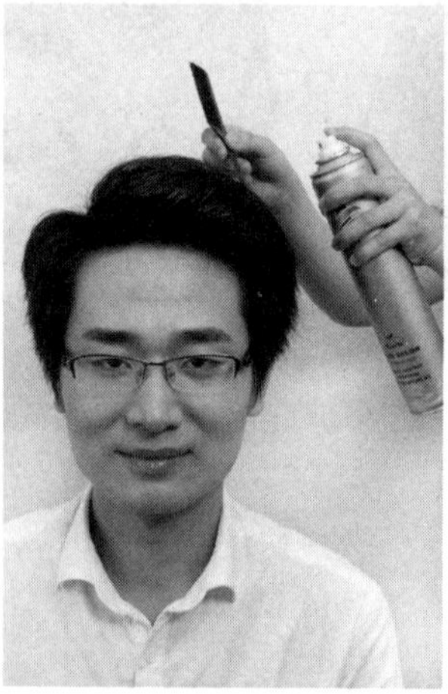

图 5-4-15 步骤三

图 5-4-16 传统男发造型效果

具体步骤:①将摩丝少量而均匀地涂抹于头发之上(如图 5—4—17/彩图 76)。

②一手拿吹风机、一手拿发胶,逆着头发生长方向进行吹风,同时喷胶定型(如图 5—4—18/彩图 77)。

③最后梳理整形(如图 5—4—19/彩图 78)。

此造型多用于时尚类节目或娱乐类节目的年轻男主持人。

时尚男发造型效果如图 5—4—20/彩图 79 所示。

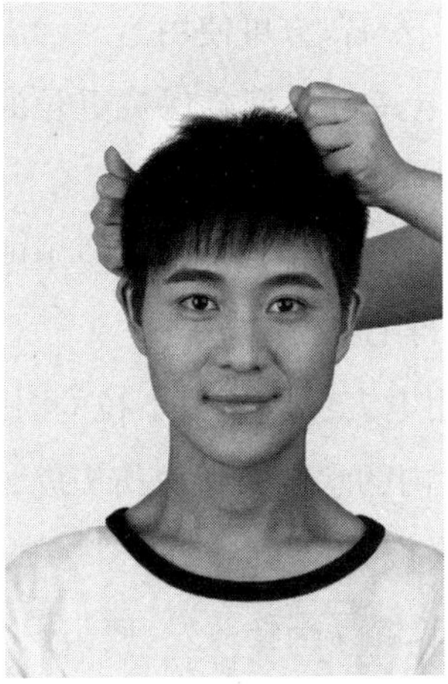

图 5－4－17　步骤一

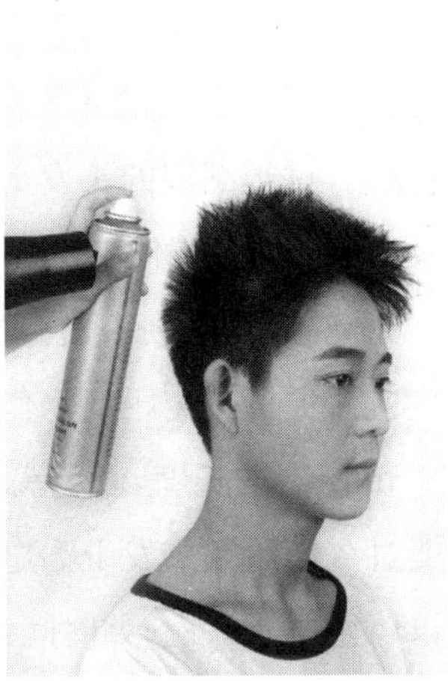

图 5－4－18　步骤二

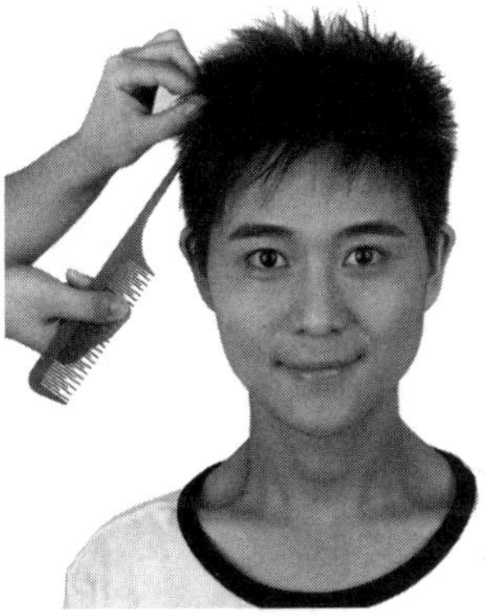

图 5－4－19　步骤三

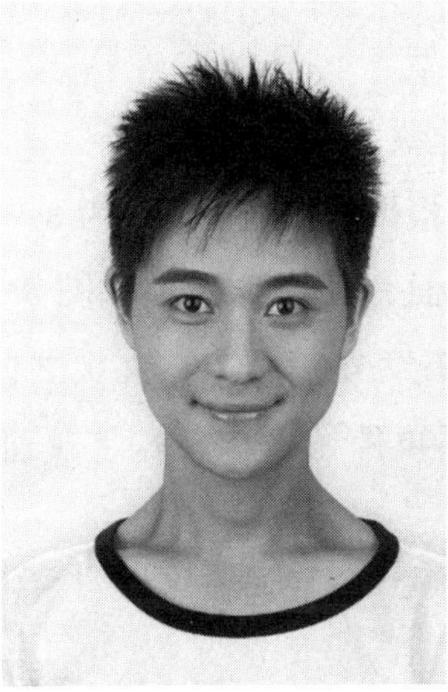

图 5－4－20　时尚男发造型效果

二、电夹板造型

1. 电夹板的使用方法

电夹板是通过发热源和散热片来改变头发造型。散热片一般有金属和陶瓷两种质地、平板和波浪两种形状。平板散热片主要用于将头发顺直，波浪散热片主要用于使头发蓬松。使用电夹板造型应注意以下几个方面：

(1)电夹板要先预热。电夹板只有加热到一定温度以上才能改变头发状态，一般需预热 3—5 分钟，使其温度达到 160°左右，方可使用。

（2）要干发使用电夹板。全干的头发用电夹板造型会保持更长的时间，半干的头发容易恢复原形，过于潮湿的头发无法造型。

（3）要顺着头发生长方向使用电夹板。顺着头发生长方向使用电夹板，可使毛鳞片闭合、头发光亮顺滑，否则头发会显得毛糙。

（4）夹板和头皮应该保持一定距离。使用电夹板按压或下拉的时候不要太靠近头皮，要留有 2cm 左右的长度，以免头发内的水分汽化烫伤头皮。

（5）电夹板不能过久停留在头发上。电夹板夹一下大概停留 2—3 秒，慢慢顺下来，发尾可以再停留 1—2 秒。如时间过长容易损伤头发、使头发毛糙。

2. 各种夹板造型

（1）长直发造型

选用平板式电夹板和精华素。

具体步骤：①根据发量将头发分为 3—4 层，把上面的层次分别用鸭嘴夹固定于头顶，留最下面一层散于肩部（如图 5－4－21/彩图 80）。

②把下层的头发分片固定在夹板之间，先于根部夹一下约停留2—3秒，慢慢顺下来，发尾再停留 1—2 秒，下拉速度不能过快。以此类推（如图 5－4－22/彩图 81）。

图 5－4－21　步骤一

图 5－4－22　步骤二

③再将上面的层次分别放开，重复上述步骤（如图 5—4—23/彩图 82）。

④用夹板快速带过刘海，否则过于平直会使人显得没有生气（如图 5—4—24/彩图 83）。

⑤最后在头发中下部涂少许精华素，会使头发加倍顺直、光亮。

此造型多用于时尚类节目或娱乐类节目的女主持。

长直发造型效果如图 5—4—25/彩图 84 所示。

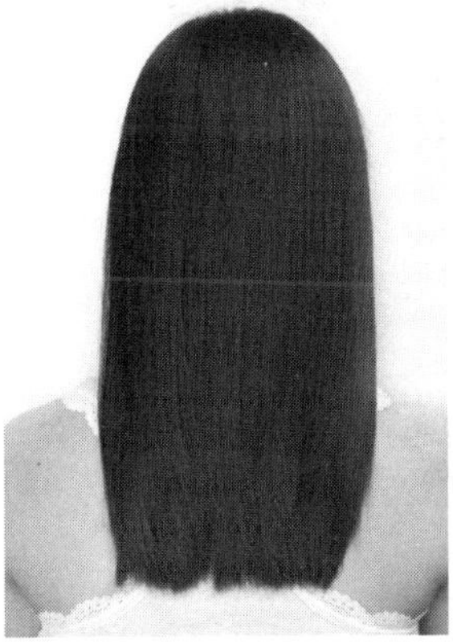
图 5-4-23 步骤三

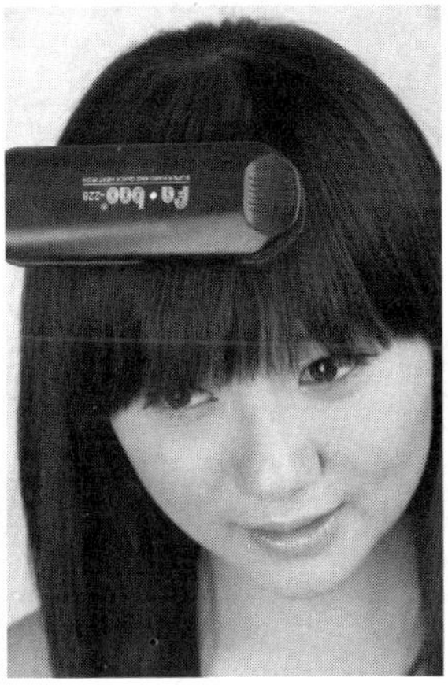
图 5-4-24 步骤四

图 5-4-25 长直发造型效果

(2)外翻式造型

选用平板式电夹板、尖尾梳和发胶。

具体步骤：①根据发量将头发分为 3—4 层，把上面的层次分别用鸭嘴夹固定于头顶，留最下面一层散于肩部（如图 5—4—26/彩图 85）。

②把下层的头发分片固定在夹板之间，先于根部夹一下约停留 2—3 秒，慢慢顺到中部，将夹板向外翻转、提拉至发尾，再停留 1—2 秒。用尖尾梳沿着翻翘角度梳理（如图 5—4—27/彩图 86）。若翻翘角度不够，再次用电夹板翻转提拉，以此类推。

③再将中间的层次分别放开，重复上述步骤（如图 5—4—28/彩图 87）。

④将最上层的头发和刘海放开，分撮固定在夹板之间，先于根部夹一下约停留 2—3 秒，然后将夹板向内翻转、顺至发尾，再停留 1—2 秒，造成内扣效果（如图 5—4—29/彩图 88）。

图 5－4－26　步骤一

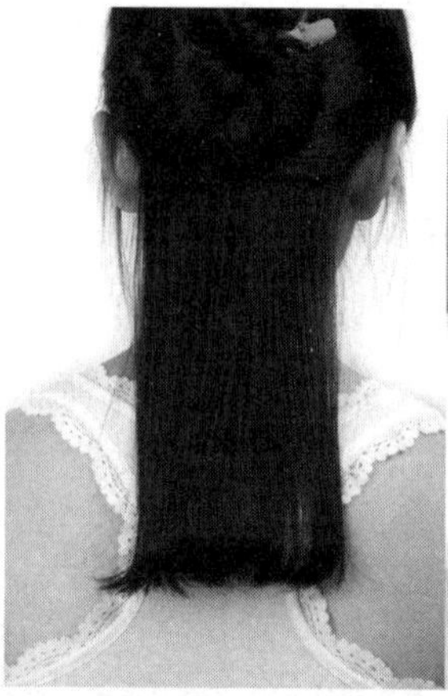

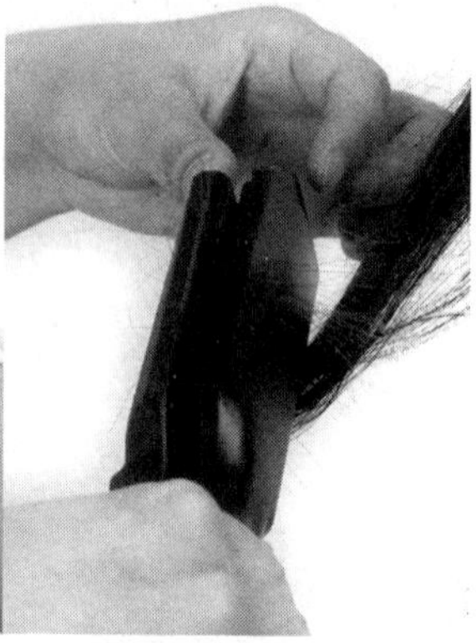

图 5－4－27　步骤二

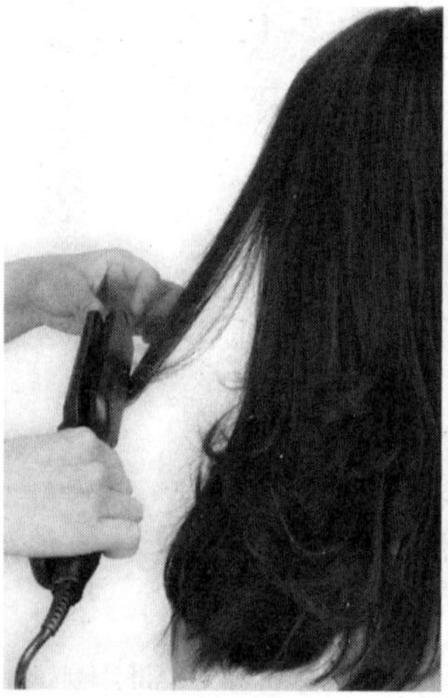

图 5－4－28　步骤三

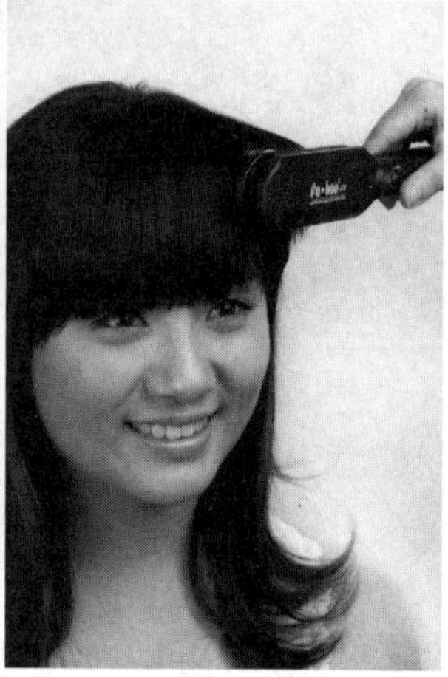

图 5－4－29　步骤四

⑤最后梳理整形，喷上发胶。

此造型多用于少儿类节目或娱乐类节目的女主持人。

外翻式造型效果如图 5—4—30/彩图 89 所示。

(3)蓬松感造型

选用波浪式电夹板和弹力素。

具体步骤：①根据发量将头发分为 3—4 层，把上下的层次分别用鸭嘴夹固定，中间两层也分别固定(如图 5—4—31/彩图 90)。

②把第二层的头发分片固定在夹板之间，先于根部夹一下约停留 2—3 秒，慢慢放开，紧贴着没有波浪的位置再次下压(如图 5—4—32/彩图 91)。以此类

推，使波浪的长度连续有 15cm 左右。

③第三层用同样的方法操作(如图 5—4—33/彩图 92)。

④最后把上下两层放开，在发根涂少许发蜡，增加内部的支撑力。

此造型多用于谈话类节目或生活服务类节目的女主持人，或为其他盘发做准备性工作。

蓬松感造型效果如图 5—4—34/彩图 93 所示。

图 5-4-30 外翻式造型效果

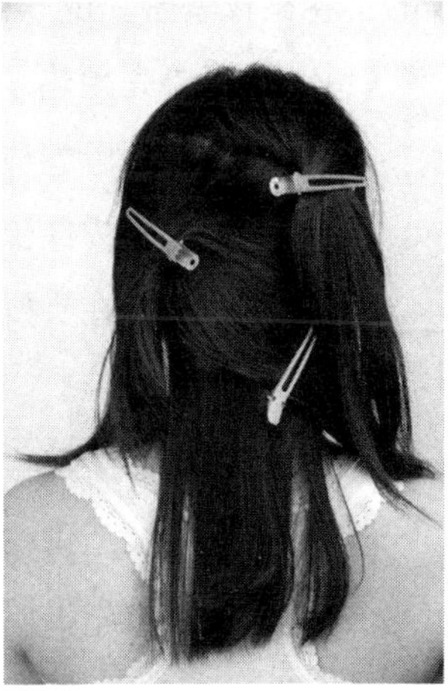

图 5-4-31 步骤一

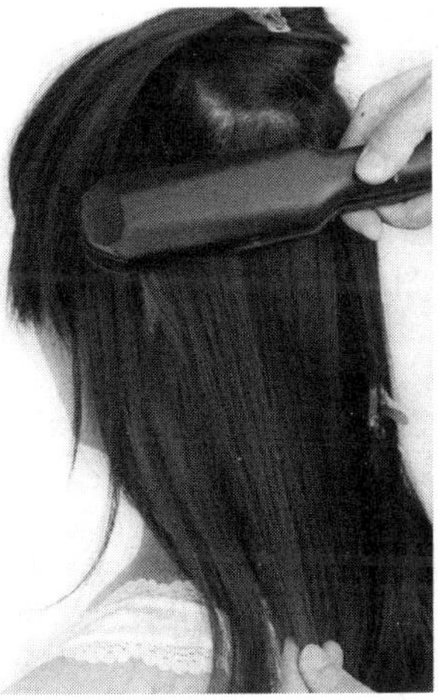

图 5-4-32 步骤二

图 5-4-33 步骤三

图 5-4-34 蓬松感造型效果

三、电卷棒造型

1. 电卷棒的使用方法

电卷棒是通过发热源和圆柱形的散热棒来改变头发造型。散热棒一般有金属和陶瓷两种质地，会有大小不同型号。大号形成的发卷比较松散，小号形成的发卷比较紧密。电卷棒造型应注意的方面与电夹板类似：

(1)电卷棒要先预热。

(2)要干发使用电卷棒。

(3)电卷棒和头皮应保持一定距离。

(4)电卷棒不能在头发上停留过久，一般为 6—10 秒。

2. 各种卷发造型

(1)公主式卷发造型

选用中号电卷棒、发胶、摩丝或泡沫发蜡。

具体步骤：①将少许泡沫发蜡均匀地涂抹于头发(如图 5－4－35/彩图 94)。

②根据发量将头发分为 3—4 层，把上面的层次分别用鸭嘴夹固定于头顶，留最下面一层散于肩部(如图 5－4－36/彩图 95)。

③把下层的头发分片，卷发棒于发梢 2—3cm 处固定，先平卷、再竖起向脸颊内侧卷，卷至距发根 5—8cm 处，约停留 10 秒钟左右(如图 5－4－37/彩图 96)。

④再将上面的层次分别放开，重复上述步骤(如图 5－4－38/彩图 97)。

⑤然后将刘海固定于卷发棒上平卷，快速带过(如图 5－4－39/彩图 98)。

⑥最后再喷上发胶定型。

此造型比较复古，可以展现独特的品体和个性多适用于时尚类或娱乐类节目的女主持人。

公主式卷发造型效果如图 5－4－40/彩图 99 所示。

(2)时尚卷发造型

选用大号电卷棒、发胶、摩丝或泡沫发蜡。

图 5－4－35　步骤一

图 5－4－36　步骤二

图 5－4－37　步骤三

图 5－4－38　步骤四

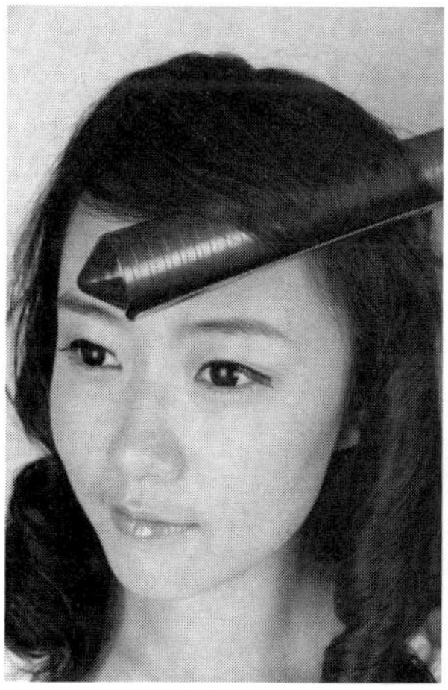

图 5－4－39　步骤五

图 5－4－40　公主式卷发造型效果

具体步骤:①根据发量将头发分为3—4层,把上面的层次分别用鸭嘴夹固定于头顶,留最下面一层散于肩部(如图5—4—41/彩图100)。

②把下层的头发分片,卷发棒于发梢3cm—5cm处固定,先平卷、再竖起向脸颊内侧卷,卷至距发根8—10cm处,约停留10秒钟左右(如图5—4—42/彩图101)。

③再放开一个层次,卷发棒于发梢3—5cm处固定,于前个层次相反,先平卷、再竖起向脸颊外侧卷,卷至距发根5—8cm处,约停留10秒钟左右(如图5—4—43/彩图102)。以此类推。

④将最上层的头发和刘海放开,卷发棒于发梢3—5cm处固定,平卷卷至距发根5cm处,约停留10秒钟左右。把刘海也固定于卷发棒上平卷,快速带过(如图5—4—44/彩图103)。

⑤最后用指肚沾上摩丝或泡沫发蜡,将发卷从下向上抓散,再喷上发胶定型(如图5—4—45/彩图104)。

图5-4-41　步骤一

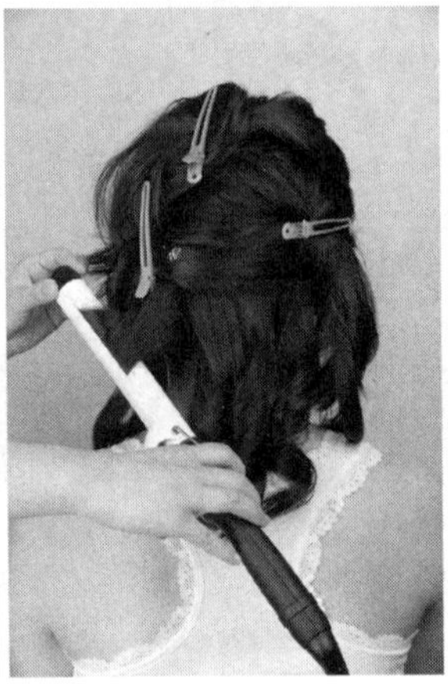

图5-4-42　步骤二

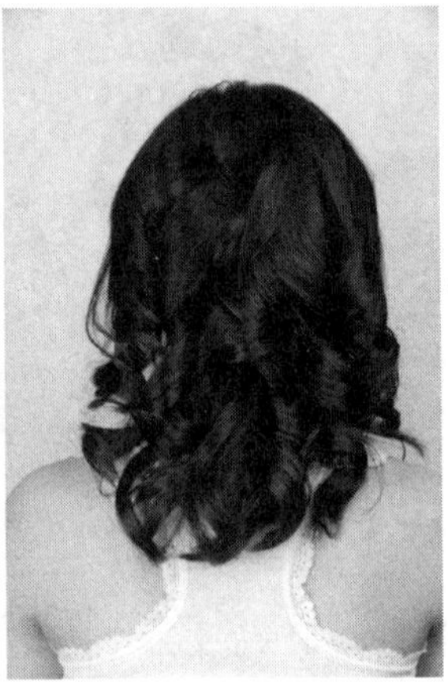

图5-4-43　步骤三

图5-4-44　步骤四

图5-4-45　步骤五

此造型运用比较广泛，多适用于谈话类节目、生活服务类节目、娱乐类节目或晚会型节目的女主持人，或为盘发、编发等其他造型做准备性工作。

时尚卷发造型效果如图5—4—46/彩图105所示。

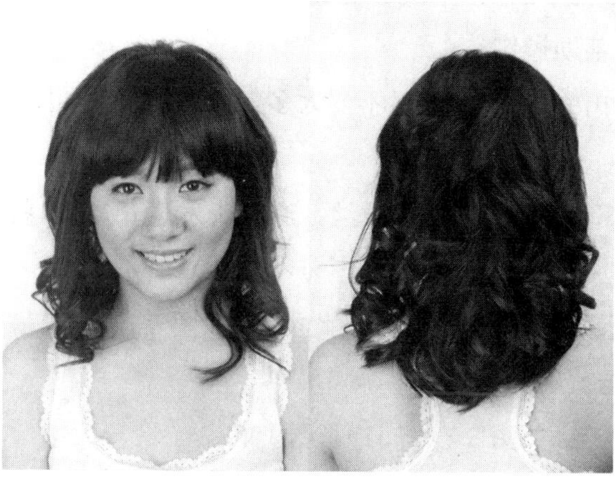

图5－4－46 时尚卷发造型效果

四、盘发造型

1. 头发的分区

一般在盘发前都要对头发进行合理的分区，计划发量的分配，可使发型更对称、完整、均匀。通常采取的分区方式如下(如图5—4—47)：

(1)刘海区

(2)两耳上发区

(3)顶发区

(4)枕骨区

(5)脑后区

(6)侧发区

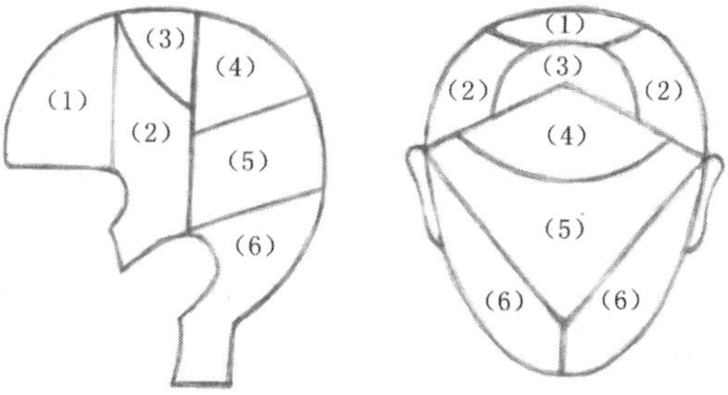

图5－4－47 头发分区

某些盘发根据造型需要，也可把以上发区合并或拆分。

2. 盘发的基本手法

(1)打毛

打毛是盘发最基础的手法,它可以迅速增大头发体积、填充发量,使发型更饱满,需要利用尖尾梳辅助操作。

具体步骤:①先挑出一撮头发,发量不要太多,拉住其发梢(如图 5—4—48/彩图 106)。

②尖尾梳距发根 3cm 处,垂直插入发丝。逆着头发生长方向,将尖尾梳向发根推(如图 5—4—49/彩图 107)。

③然后距发根稍远处再次重新操作,以此类推(如图 5—4—50/彩图 108)。注意距离和力度要均匀。

④最后喷上定型产品(如图 5—4—51/彩图 109)。

(2)卷筒

卷筒也是传统盘发的常见手法,它善于表现头发纹理、增加发型的立体感和饱满度。卷筒的形式有很多,较常见的有以下几种:

①手拉卷。拉出一撮头发,单方向扭转成股,卷曲成所需弧度,用黑铁卡固定(如图 5—4—52/彩图 110)。

②手卷卷筒。拉出一撮头发,在距发梢 5cm 的位置用拇指和食指固定。再用另一只手的食指将发梢向内对折并压紧,两手食指交替向内卷动,直至卷至发梢,用黑铁卡在两侧固定(如图 5—4—53/彩图 111—A、111—B)。

③层次卷筒。拉出一撮头发,在距发梢 5cm 的位置用拇指和食指固定。再用另一只手的食指将发梢向内对折并压紧,两手食指交替向内卷动至头发中部,捏紧发卷叠至发根固定(如图 5—4—54/彩图 112)。

(3)包发

包发是盘发的核心技术,它可以缩短发长、减少毛糙,使整个发型看起来光洁、饱满。常见的包发形式有:

①对式包发。在枕骨区的中心找到一个点,将发丝扭转或鬏固定。平分侧发区,将一边的内侧打毛后扭转,固定在中心点发鬏,喷胶定型。另外一侧采用同样方法对称操作。

图 5－4－48　步骤一

图 5－4－49　步骤二

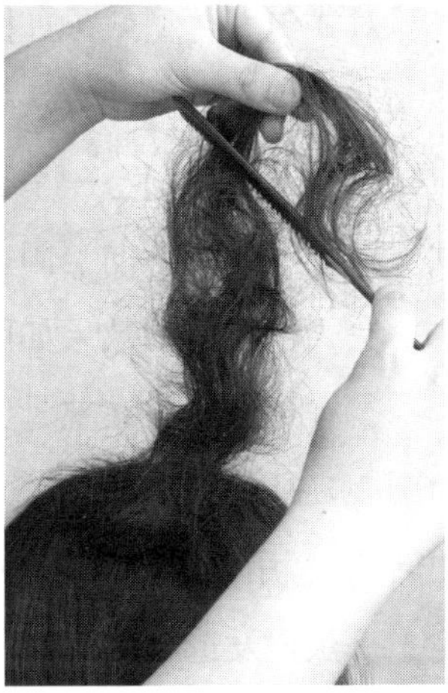

图 5－4－50　步骤三

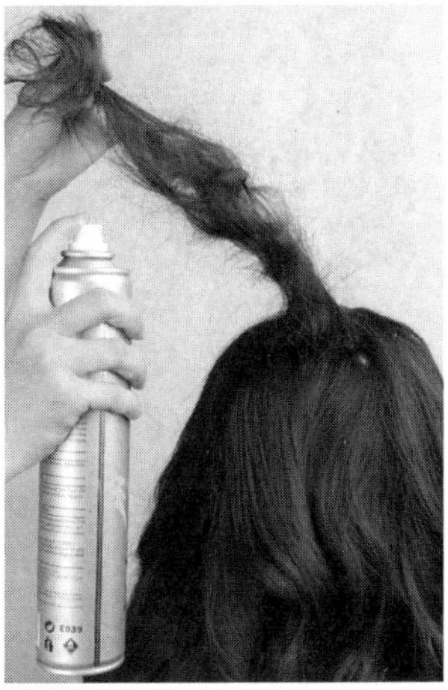

图 5－4－51　步骤四

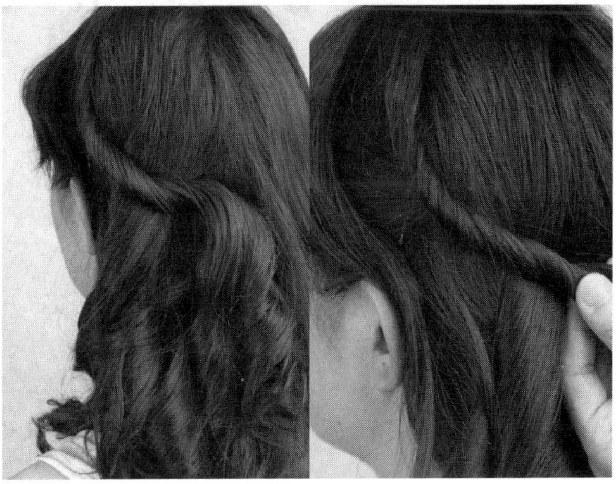

图 5－4－52　手拉卷

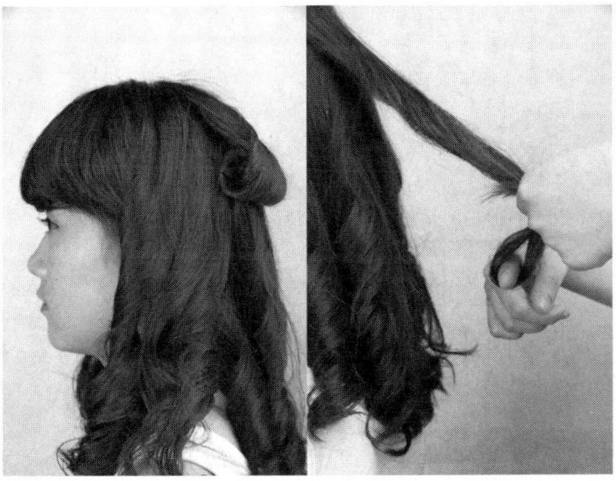

图 5－4－53　手卷卷筒

图 5－4－54　层次卷筒

对式包发造型效果如图 5—4—55/彩图 113 所示。

②法式包发。此方法适合层次较低的长发。将所有的头发聚拢、梳顺、提拉;在左右两侧喷胶;一手握住整束头发向内扭转,使发髻紧贴头皮;用若干黑铁卡沿着接线由下向上固定两个发区。

法式包发造型效果如图 5—4—56/彩图 114 所示。

③香蕉包发。在枕骨区的中心找到一个点,将发丝扭转成鬟固定。以此点为圆心,放射状地把脑后区和侧发区分成若干等份,把每一份都朝着圆心方向扭转成股,用照铁卡在中心点四周固定。

香蕉包发造型效果如图 5—4—57/彩图 115 所示。

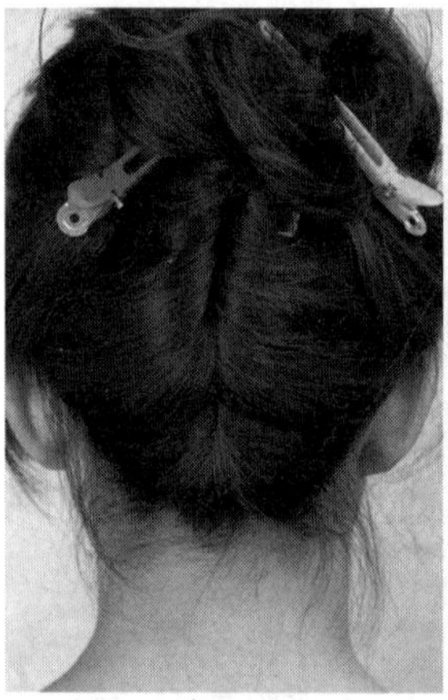
图 5-4-55 对式包发造型效果

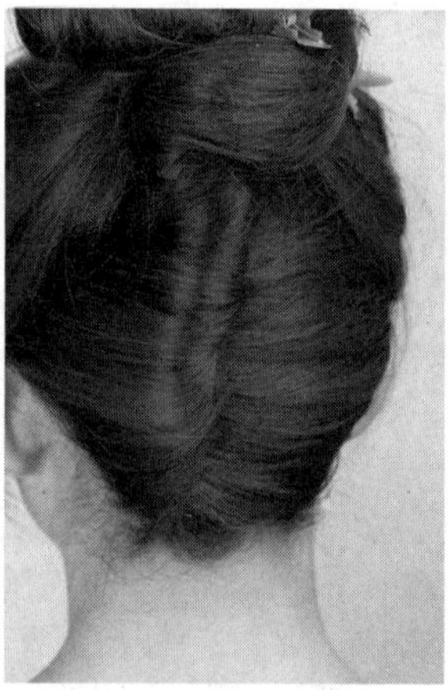
图 5-4-56 法式包发造型效果

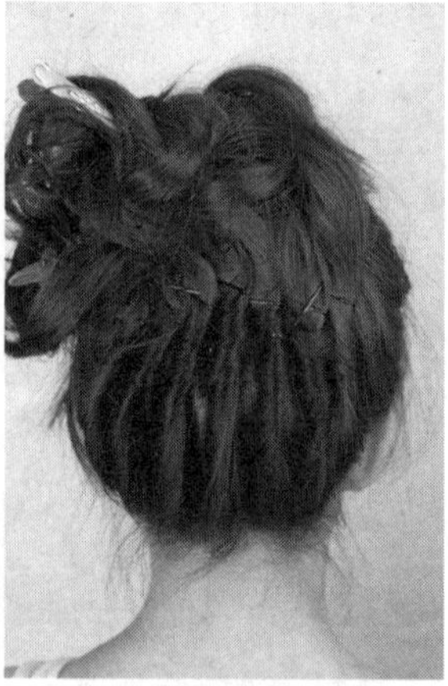
图 5-4-57 香蕉包发造型效果

3. 各种盘发造型

(1)赫本式盘发造型

使用尖尾梳、发胶、鸭嘴夹、黑铁卡、橡皮筋。

具体步骤:①将头发进行基本分区,分别用鸭嘴夹固定(如图 5—4—58/彩图 116)。

②在枕骨区的中心找到一个点,扭转成股固定。将脑后区打毛固定在中心点上(如图 5—4—59/彩图 117)。

③把两个侧发区做对式包发,包裹住脑后区,于中心点固定。两发尾做手拉卷固定于中心点两侧(如图 5—4—60/彩图 118)。

④把两耳上发区梳顺、喷胶，左右包裹住枕骨区，于中心点固定。再将两发尾扭转，隐藏于隆起的发包(如图 5—4—61/彩图 119)。

⑤将顶发区梳顺、喷胶，从上方包裹住枕骨区，将发尾扭转、向内对折，于隆起的发包下方固定(如图 5—4—62/彩图 120)。

⑥将刘海区斜分梳顺，梳理毛糙碎发，整体喷胶固定。

此造型较为传统、端庄，多见于新闻类节目、谈话类节目的女主持人。

赫本式盘发造型效果如图 5—4—63/彩图 121 所示。

图 5－4－58　步骤一

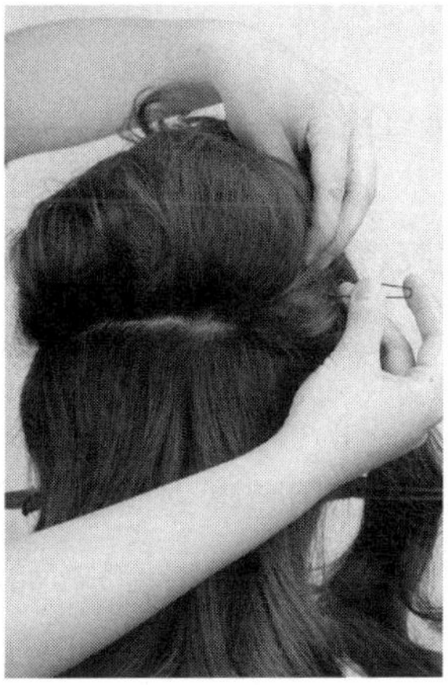

图 5－4－59　步骤二

图 5－4－60　步骤三

图 5－4－61　步骤四

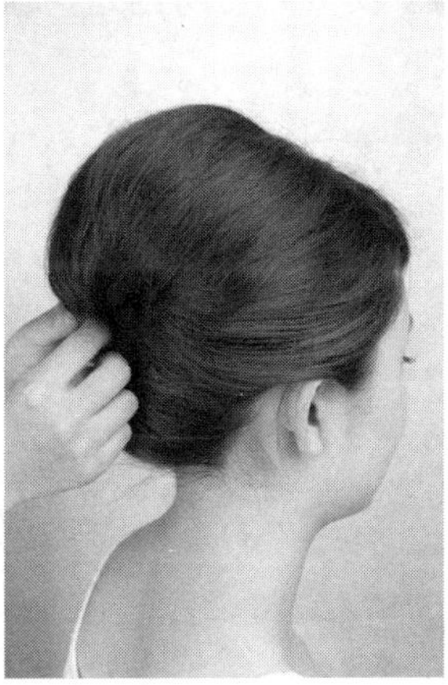

图 5－4－62　步骤五

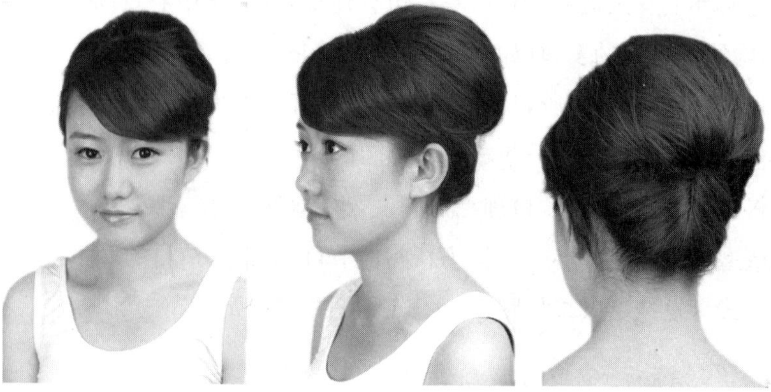

图 5-4-63　赫本式盘发造型效果

(2)蓬松式盘发造型

使用电卷棒、尖尾梳、发胶、鸭嘴夹、黑铁卡、橡皮筋。

具体步骤:①先用大号卷发棒将头发做卷、抓散,包括刘海区(如图 5—4—64/彩图 122)。

②将头发进行基本分区,分别用鸭嘴夹固定(如图 5—4—65/彩图 123)。

③在枕骨区的下方找到中点,扭转成股固定(如图 5—4—66/彩图 124)。

④将脑后区打毛固定在中心点上,再将顶发区和两耳上发区梳顺包裹在脑后区隆起的发鬓上,于中心点固定(如图 5—4—67/彩图 125)。

⑤将枕骨区侧发区的剩余发量做卷筒排列,喷胶固定(如图 5—4—68/彩图 126)。

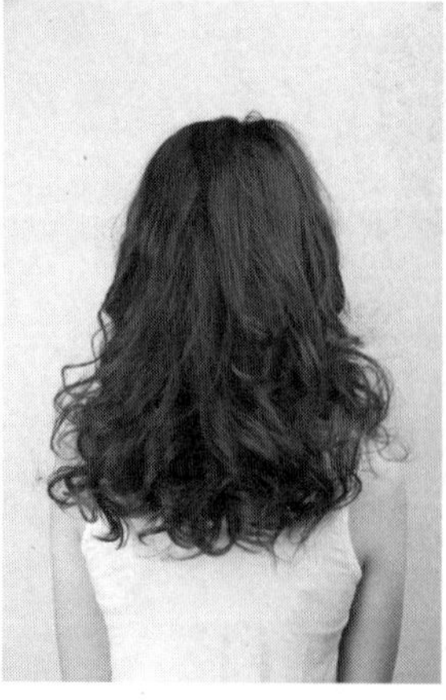

图 5-4-64　步骤一

图 5-4-65　步骤二

⑥将刘海区斜分梳顺，梳理毛糙碎发，整体喷胶固定。

此造型比较大气、优雅，又不失温婉，多适用于大型综艺节目或晚会型节目的女主持人。

蓬松式盘发造型效果如图 5—4—69/彩图 127 所示。

图 5-4-66 步骤三

图 5-4-67 步骤四

图 5-4-68 步骤五

图 5-4-69 蓬松式盘发造型效果

五、编发造型

1. 各种编发造型

(1)民族风编发造型

选用大号电卷棒、尖尾梳、黑铁卡、发胶、摩丝或泡沫发蜡。

具体步骤：①先用大号卷发棒将头发松散地做卷，用摩丝或泡沫发蜡定型（如图 5—4—70/彩图 128）。

②利用尖尾梳在刘海的外侧、靠近额头的高度分出一小片发区（如图 5—4—71/彩图 129）。

③将该发区向面部另一侧的方向编出一条立体的四股辫。把发尾隐藏在另一侧的发根之间，用黑铁卡固定（如图 5—4—72/彩图 130）。

④最后再次喷胶定型（如图 5—4—73/彩图 131）。

此造型民族风情浓郁，可用于时尚类节目或综艺、娱乐类节目的年轻女主持人。

民族风编发造型效果如图 5—4—74/彩图 132 所示。

图 5-4-70　步骤一

图 5-4-71　步骤二

图 5-4-72　步骤三

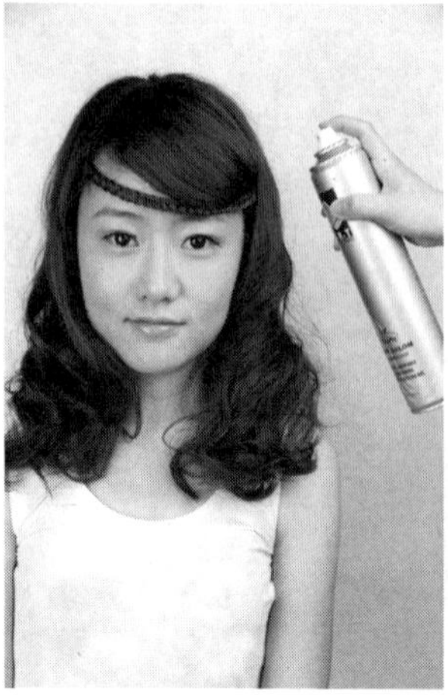

图 5-4-73　步骤四

图 5-4-74　民族风编发造型效果

(2)可爱型编发造型

选用大号电卷棒、尖尾梳、橡皮筋、黑铁卡、发胶、摩丝或泡沫发蜡。

具体步骤:①先用大号卷发棒将头发松散地做卷,用摩丝或泡沫发蜡定型(如图5—4—75/彩图133)。

②利用尖尾梳在耳上发际线位置分出一片发区(如图5—4—76/彩图134)。

③上下两侧续发,向另一侧做加股三股辫,编至另一侧耳上用橡皮筋固定(如图5—4—77—A、5—4—77—B/彩图135—A、135—B)。

④将剩余的发尾再松散地编成三股辫(如图5—4—78/彩图136)。

⑤发展缠绕在皮筋周围,用黑铁卡固定(如图5—4—79/彩图137)。

⑥最后再次喷胶定型。

此造型活泼可爱,可以配合使用一些发饰。多用于少儿节目或综艺、娱乐类节目的年轻女主持人。

可爱型编发造型效果如图5—4—80/彩图138所示。

(3)淑女型编发造型

选用尖尾梳、鸭嘴夹、橡皮筋、黑铁卡、发胶。

图5-4-75　步骤一

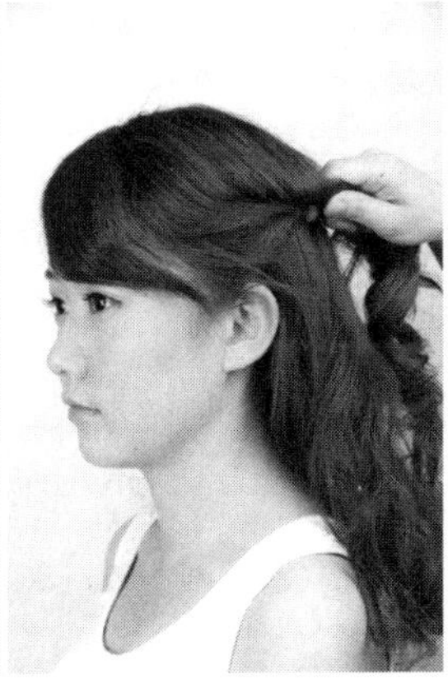

图5-4-76　步骤二

图5-4-77-A　步骤三

图 5－4－77－B　步骤三

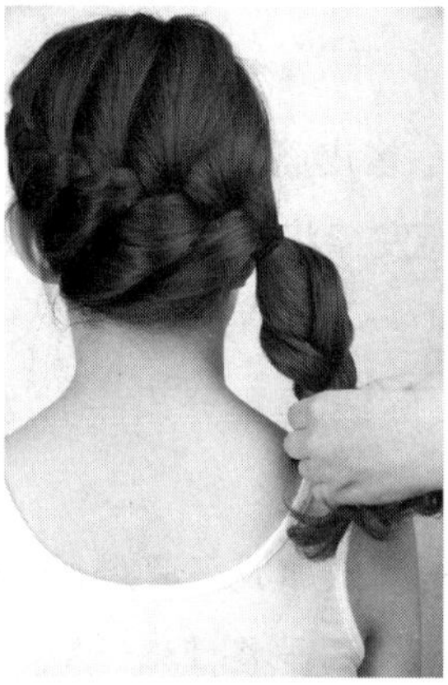
图 5－4－78　步骤四

图 5－4－79　步骤五

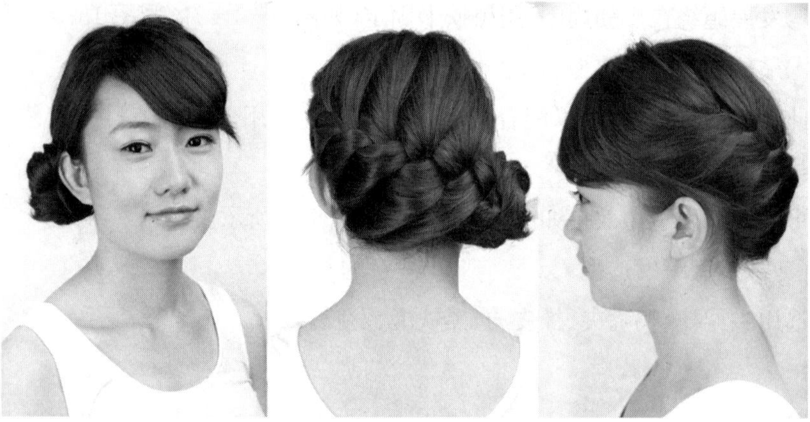
图 5－4－80　可爱型编发造型效果

具体步骤：①利用尖尾梳在两耳上发际线位置各分出一片发区，用鸭嘴夹固定（如图 5—4—81/彩图 139）。

②从一侧开始，在下方续发，向另一侧做加股三股辫，编至脑后用黑色橡皮筋固定。另一侧采用同样方式（如图 5—4—82/彩图 140）。

③将两个橡皮筋用黑铁卡固定（如图 5—4—83/彩图 141）。

④最后喷胶定型。

此造型活泼大方、淑女，可在连接处加上适合的发饰，常用于女性节目或综艺、娱乐类节目的年轻女主持人。

淑女型编发造型效果如图 5—4—84/彩图 142 所示。

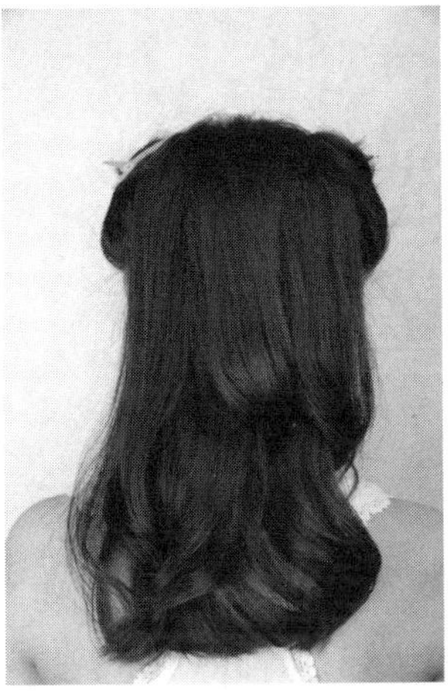

图 5-4-81　步骤一

图 5-4-82　步骤二

图 5-4-83　步骤三

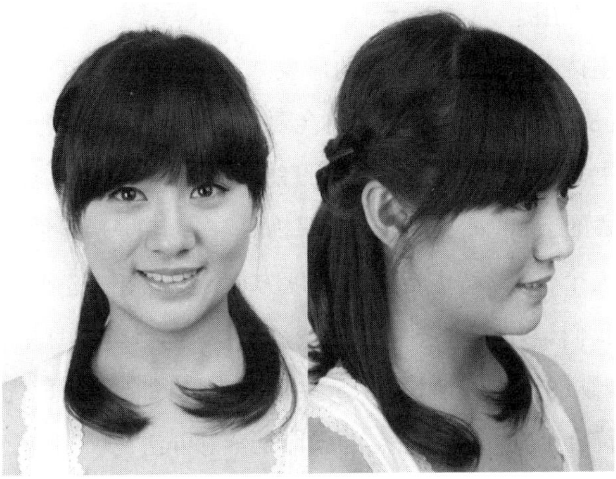

图 5-4-84　淑女型编发造型效果

第六章 播音员主持人服饰选择

衣、食、住、行是人类生活的四大元素。人们把“衣”放在首位，可见衣服对于我们的重要性。而作为公众形象出现的播音员主持人，对服饰的要求就更为严格。现代社会，服饰已成为构成播音员主持人形象的十分重要的组成部分，发挥着塑造风格、展现特色的作用。

首先，不同的电视节目主持人拥有不同风格的形象。如一场晚会节目要求主持人的服饰以华丽的晚礼服为主，而财经节目则会要求主持人更为专业、知性，服装也多以职业套装为主。试想，如果把两档节目的主持人服装对调，会有怎样的效果。所以，不同形式的节目，对于主持人的服饰具有一定的规范性。

其次，服饰在展现主持人个性、提高主持人辨识度方面，也起到一定作用。通过各种各样的西式马甲，我们记住了机智的窦文涛，通过一套套华丽的礼服及闪耀的装饰我们记住了幽默的李咏。所以，对于主持人来说，如何加深自己在受众心目中的印象，选择符合个性而具有特点的服饰是个好办法。

总体来说，构成主持人服饰语言的要素主要包括三个方面：服装面料、服装色彩和服装款式。

第一节 服装面料的选择

一、服装面料的分类

面料是体现服装主题特征的材料，是服装设计构想付诸实施的载体。它与科技进步有着直接的联系，从远古的树叶、毛皮、棉毛丝麻到化学纤维和功能织物，科技进步创造了丰富的服装面料。

1. 按照编织方法分类

按照编织方法，面料一般分为机织面料和针织面料两大类。

机织物又称梭织物，是以股线作经、纬，按各种不同的织物结构方法交织而成的织物，是服装面料中用途最广、品种最多的一种，在外衣面料中仍占有优势。

针织物是用针织工艺加工制成的服装，在弹性、柔软性、流动性、多孔性、抗皱性等方面优于机织物，多用于制造内衣、运动衣、休闲服、童装等。

2. 按照服装材料的纤维源分类

按照服装材料的纤维源，面料一般分为天然纤维和化学纤维两大类。

天然纤维是自然界存在的、可以直接获得的纤维。天然纤维又可分为植物纤维、动物纤维和矿物纤维三种，如棉、毛、丝、麻等。

化学纤维是指由人工加工制成的纤维状物体。化学纤维又可分为人造纤维和合成纤维两大类，如人造棉、涤纶、锦纶等。

二、常见面料的种类与特点

1. 棉织物

棉织物是指以棉纱、线为原料的机织物，统称棉布。棉织物具有优良的天然纤维性能和穿着舒适性，经济实惠，为广大消费者所喜爱。棉织物的主要特点有：

(1)吸湿性能强，具有优良的穿着舒适性，染色性能良好。

(2)光泽柔和，富有自然美感。

(3)手感柔软，但弹性较差，易折皱，服装保形性欠佳。

(4)耐碱性强，耐酸性差。

(5)耐热和耐光性能较好。

(6)不易虫蛀，但易受微生物的侵蚀而霉烂变质。在服装及棉布存放、使用和保管中应防湿、防霉。

我们常见的平布、绒布、卡其布、牛仔布、泡泡纱、线呢等都属于棉织物。

2. 麻织物

麻织物是用麻纤维纺织加工而成的织物。麻织物外观粗犷、凉爽舒适、吸湿透气好、穿着不贴身，是夏季理想的服装用料。麻织物的主要特点有：

（1）天然纤维中麻的强度最高，各种麻布的质地均较坚牢耐用。

（2）舒适性较好，吸湿性、导热性优良。

（3）手感较棉布硬挺，不易打理，易起皱。

（4）易保管。麻纤维具有抗菌功能，所以有较好的耐腐蚀性，不易霉烂，不易虫蛀。

（5）各种染色麻布具有独特的色调及外观风格。

（6）具有较好的耐碱性，但在热酸中易发生膨润、溶解等损坏现象。

常见的麻织物品种有苎麻织物、亚麻织物，混纺麻织物等。

3. 毛织物

毛织物又称呢绒面料，属于高档衣料。它的主要原料是羊毛，也包括羊毛和其他纤维混纺、交织的织物以及纯化纤仿毛织品。毛织物的主要特点有：

（1）羊毛属于低强高伸织物，耐磨性良好，具有很好的耐用性。

（2）弹性、保形性好，羊毛纤维具有良好的弹性，起折皱后容易恢复，能保持平整挺括的外观。

（3）吸湿性强、穿着舒适。羊毛纤维的吸湿性在所有纤维中是最好的，能很好地吸收人体排出的湿气。

（4）质轻、保暖性好。羊毛具有良好的保暖性，适于冬季穿着。

（5）宜于染色，且染色牢固，色泽鲜艳不易褪色。

（6）防蛀性差，不易保管。

（7）耐光性差，紫外线对其有破坏作用，不宜暴晒。

常见的毛织物品种有精纺毛呢、粗纺毛呢、长毛绒、驼绒等。

4. 丝织物

丝绸织物是衣料中的高档品种，它的原料是天然纤维中的桑蚕丝和柞蚕丝。中国用蚕丝制成的丝绸织物已有数千年的历史，具有独特的民族风格和精湛的丝绸工艺技艺。丝织物的主要特点有：

(1)桑丝织物色白细腻，光泽柔和明亮，手感柔软滑爽，高雅华丽，为高级服装衣料。柞丝织物和混纺织物表面较为粗糙，价格相对便宜。

(2)各类纯丝织物的强度均较毛织物高，但其抗皱性比毛织物差。

(3)吸湿性、耐热性能良好。在一般情况下，蚕丝能吸收人体排出的湿气，穿着感到凉爽舒适。蚕丝在纺织纤维中耐热性较高，但不宜直接熨烫。

(4)耐光性、耐水性和耐碱性差，因此丝绸织物不宜在阳光下暴晒，也不宜多洗涤，要选择中性洗涤剂。

常见的丝绸织物包括真丝、柞丝、绢丝、人造丝等。

5. 化学纤维织物

化学纤维是经过人工化学加工而形成的织物，常见的品种有涤纶、锦纶、腈纶、维纶、丙纶等。化学纤维的主要特点有：

(1)强度高，耐磨性好，挺括，回弹性好。

(2)色彩艳丽，染色性好。

(3)价廉物美，经济实用。常用来做各种演出服、制服、户外服装等。

(4)透气性较差，穿着易有闷热感，舒适性差，高档服装不常采用。

6. 裘皮与皮革

裘皮与皮革是珍贵的服装面料。我们通常将鞣制后的动物毛皮称为“裘皮”或“皮草”，而把经过加工处理的光面或绒面皮板称为“皮革”。裘皮是防寒服装理想的材料，轻便柔软，坚实耐用。而皮革经过染色处理后可得到各种外观风格。为了绿色环保，也为了扩大原料皮的来源，降低皮革制品的成本，服装业也不断地开发人造毛皮和人造皮革新品种。

(1)天然裘皮的特点。天然裘皮穿着舒适，结实耐用，具有极高的抗寒保暖性，其花纹色泽十分优美，显得雍容华贵，穿着大方，适合于各个年龄层次的需求，是高档次的服装用料。

（2）人造裘皮的特点。人造裘皮是模仿貂、狐、豹等野生动物的皮毛，采用化学纤维制成的。仿裘皮除了具有保暖好、外观美、丰满的特点外，单位面积重量比天然毛皮轻，其保暖性与耐磨性比羊皮要好，而且抗菌防虫，易保存，可以水洗，价格较低。但人造毛皮也有一定的缺点：一是防风性差；二是掉毛率比较高。

（3）天然皮革的特点。天然皮革遇水不易变形，干燥不易收缩，防老化，具有较好的舒适性和保暖性，穿着美观大方。但天然皮革不稳定，不同部位大小厚度不均匀，整张皮革不易加工。

（4）人造皮革的特点。人造革质地柔软，穿着舒适，美观耐用，保暖性强，而且吸湿、透气、颜色牢度好。若涂上特殊物质，还具有防水性。人造皮革防蛀，无异味，免烫，尺寸稳定，适用于制作春秋季大衣、外套、运动衫等服装及装饰品，也可用于制作鞋面、手套、帽子、沙发套、墙布等材料。

三、常见面料的视觉效果

在服装艺术中，面料不仅有使用价值、实用功能，还有美学上的装饰效果。不同面料具有不同的视觉效果，带给人们不同的感受。

1. 棉织物

棉织物通过不同的加工方式，能够呈现多种不同的质感，是变化最多、适用范围最广的面料。

棉织物当中的细平布，细洁柔软，布面棉结杂质少，质地轻薄，常用于各类正装衬衫的制作。与正装套装相搭配，是新闻节目主持人的首选，单独穿着又是财经节目、谈话节目、生活服务类节目主持人的标准形象，给人以知性、职业的感觉。

卡其布织物结构紧密，坚牢耐磨，平整挺括，多用来制作外套、夹克、风衣、裤料等，给人简洁、干练的感觉，是外景节目主持人春秋季的常见选择。

牛仔布吸湿透气，穿着舒适，防皱、防缩、防变形，可与各种面料搭配使用，给人活泼、自由、年轻的感觉，常用于裤装，适用于各种在户外录制的电视节目，如旅游节目、运动竞技类节目以及少儿节目等。

2. 麻织物

麻类织物往往呈现出一种自然、朴素、粗放的风格，由于颗粒较粗，不够均匀，所以不常用于制作正装，也不常被主持人所采用。但某些为了突出自然亲近个性的主持人，或出于与节目组性质搭配的需求，麻织物往往用于制作中式对襟款式的服装，适用于一些民生评论类节目或中医养生类节目。

3. 毛织物

毛呢面料平整挺括，光泽柔和，富有弹性，给人温暖、知性、稳重正式的感觉，是用于制作男女正装套装和男士礼服的中高档面料。在需要穿着套装的节目和场合中常选择毛呢面料，如新闻节目中的男女主播或大型晚会的男主持人。

4. 丝织物

丝织物具有独特的光泽，色彩艳丽，再加上轻柔飘逸的质地，是晚会类节目女主持人经常选择的面料，华贵、富丽又不失典雅。另外，女性节目女主持人也常用丝质面料来表现温婉、知性、外柔内刚的女性形象。

5. 化学纤维织物

化学纤维织物的质感较之天然面料相对差一些，但其色彩鲜艳、视觉效果强烈，常用于丰富多变的综艺类节目、追求视觉冲击的时尚类节目和五彩缤纷的少儿类节目。

6. 裘皮与皮革

裘皮和皮革柔软、高贵华丽，同时又不失时尚。但单独穿着，在镜头中稍显臃肿。用之与晚礼服搭配相得益彰，增加高贵的感觉，所以常局部地用于晚会型节目男女主持的礼服或追求时尚感的综艺类节目主持人的服装。

第二节　服装色彩的选择

把色彩运用到服装中，丰富了服装的表现手法和表现力，也是服饰语言的重要组成部分。如果没有了丰富的色彩，我们满目看到的都是一种颜色，即便是再时髦的服装，我们也会失去兴趣。对于主持人来说，如何在这目不暇接的色彩之中选择符合节目特性又突显自身个性的颜色，需要掌握一定的色彩基础知识，并考虑色彩的文化含义和搭配原理。

一、色彩的基础知识

色彩是一种光色现象，我们平时看到的色彩，并不是物体本身的颜色，而是通过光的照射，物体对光产生吸收与反射现象。被反射的光刺激人眼，经过视觉神经传递到大脑，形成对物体色彩的感知。而物体之所以呈现各种色彩，是因为不同物体会吸收和反射不同波长的光。

1. 色彩的分类

我们可以把色彩分为两大类：无彩色和有彩色。

(1)无彩色系。黑色和白色及由黑、白两色相混的各种深浅不同的灰色系列，合称无彩色系(如图 6－2－1/彩图 143)。

图 6-2-1　无彩色

(2)有彩色系。光谱上的各种色彩，如红、橙、黄、绿、青、蓝、紫等颜色均属有彩色系(如图 6－2－2/彩图 144)。有彩色系具有色彩的三要素，即色相、明度和纯度。

图 6-2-2　有彩色

2. 色彩的三要素

一切有彩色都有三大属性：色相、明度和纯度，在色彩学上称为色彩的三要素。熟悉和掌握色彩的三要素，对于认识色彩和表现色彩极为重要，三要素的任何一个要素改变都会影响原色彩的面貌。

(1)色相。色相是色彩的最大特征，是指色彩相貌。色相由光的波长决定，如红、橙、黄、绿、青、蓝、紫等。而每一种色相又会分生出其他色相，如大红、玫红、朱红、深红等。

(2)纯度。纯度又称饱和度，指色彩的纯净程度。除了红黄蓝三原色外，大部分的颜色都是由两种或是两种以上的颜色混合而成。颜色混合的越多，看上去越混浊。当一种色彩加入黑、白或其他颜色时，纯度就产生变化。所以，红黄蓝三原色的纯度最高，而由其混合生成的其他间色纯度就较低。

(3)明度。明度指色彩的明亮程度。所有颜色在保持固有色相的同时，也保持固有的明度。一般来讲，黄色明度最高，蓝紫色明度最低，红、绿色的明度中等。

在具体应用中，色彩的三要素是同时存在、不可分割的，必须同时加以考虑。

3. 三原色与色相环

在光谱的色相中，红黄蓝和绿色的地位是不同的。红黄蓝是处于同等地位的色相，而绿色则是由黄色和蓝色混合后得到的间色，所以它要比红黄蓝低一个等级。在所有色彩中，只有红黄蓝这三种颜色无法由其他颜色混合得到，所以，为区别其他颜色，它们被称为“三原色”。三原色按不同比例混合在一起，构成了世界上的一切色彩。

我们先把三原色按照三角造型排列，然后加入其两两混合后的间色，我们会发现颜色的连接开始柔和了起来，衔接也不再那么生硬，以这种秩序构成的

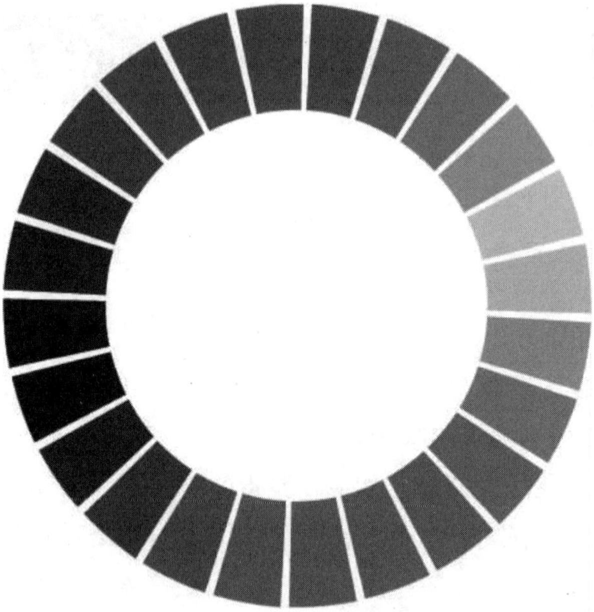

图6-2-3　24色环图

色彩圆环，我们就把它叫作色相环。这是6色环。如果六种颜色稍嫌稀疏，就像刚才一样，往这些间隙里均等加入两两颜色的间色，于是就得到了12色色环。依次类推，我们还可以得到24色色环（如图6—2—3/彩图145）、48色色环等等，这样表达的色彩就更加丰富了。

二、色彩的文化含义

不同的色彩会带给人不同的心理感受，比如看到蓝色会使我们感到宁静、清爽，看到黄色会让我们感到温暖、明亮。但不同地域的人因为历史文化、接受教育的不同，可能会对同一种颜色有着截然相反的心理感受，这就是色彩在不同地域的文化含义。作为主持人，在选择服装时，首先要考虑的就是服装色彩的文化内涵。比如，在报道灾难信息的新闻节目中，女主持人选择大红色的套装是不是就有些不合时宜？

1. 红色

红色作为一种最古老的颜色，被黑格尔称作是“最具象的颜色”。同时它也是最引人注目的颜色，因为在可见光中，红色的波长最长。红色醒目、刺激、穿透力强，象征着热血、生命、爱情和权力。

红色是中国人偏爱的一种颜色，传统的结婚礼服是红色的，春联是红色的，鞭炮、窗花都是红色的。在我们看来，红色代表着喜庆、欢乐。但在西方红色却往往象征着危险、血腥和暴力，这就是东西方文化的差异。

运用于服装领域，红色的色感温暖、具有女性特质而引人注目。红色多用于女装，一般只选择较暗的红色用于男装。另外，红色常常应用在运动服、民族服装中，在节庆中也经常会用到。

2. 黄色

黄色是最明亮、最耀眼的颜色，象征着温暖、舒适、财富、收获。

在中国古代它是皇家的专用色，被应用于皇族的服装中，雍容华贵，是一种地位和等级的象征。现代，我们又赋予了黄色其他的意义，有时候人们也用黄色的丝带或手帕来表示平安。

运用于服装领域，黄色常给人以可爱、温馨、活泼等印象。而且不同的黄色，会给人们带来各不相同的感受，它的表现能力比其他颜色都强。但考虑到亚洲人肤色偏黄、偏暗，所以在选择黄色服饰时要注意色彩的搭配。一般黄色适合年轻人，多用于少儿节目或是年轻人作为主要受众的电视节目主持人。

3. 蓝色

蓝色是最具代表性的冷色，象征着宁静、完整、清凉、亲密和忠诚。

在三原色中，红色和黄色都是暖色，唯独蓝色是冷色。运用于服装领域，蓝色常给人以沉静、理智、博爱、清爽的感觉，这种连接天空和海洋的色彩，具有特有的明亮和纯净。而且蓝色在使用上无性别之分，拥有最广泛的年龄层。蓝色与亚洲人的黄色皮肤堪称绝配，是主持人职业套装的最常用色。

4. 橙色

橙色是红色和黄色的混合，它既有红色的醒人眼目，又有黄色的明亮耀眼。它象征着开朗、大方、温暖、安全、成熟、欢乐，同时也是佛教的象征色。

在服装领域，橙色常常应用于救生衣、滑雪服、登山服等运动类型服装，因为橙色注目性高，吸引人注意，能够起到保护作用。橙色也常运用于年轻人的服装色，是青年外景主持人的不错选择。

5. 绿色

绿色是蓝色和黄色的混合，是代表着春天的色彩，它象征着希望、活力、青春、正直、稳定，让人赏心悦目。

在服装领域，绿色应用广泛，是知识型女性欣赏的服装色彩，还常常用于儿童和青年服装中。

6. 紫色

紫色是蓝色和红色的混合，通常被人们认为是最特别的颜色。它象征着神秘、朦胧、柔弱、寂寞、忧郁、高贵、捉摸不定，充满着魔法和魅力。

在服装领域，紫色适用于女性，可以传达出女性浪漫、妩媚的气息。若把色彩加深，也常用于男士礼服。

7. 黑色

黑色是所有元素颜色的综合，象征着高雅、悲伤、沉稳、坚定、超脱、与众不同，同时也表现了对生命的否定。

西方人的丧服是黑色的，所以黑色寄托着一种深沉、肃穆的哀伤之情。黑色还具有深不可测、隐秘、阴谋的象征意义。所以在电影中，间谍的服装通常都是黑色的。除此之外，一些爱好朋克摇滚的年轻人也特别偏爱黑色，包括他们的化妆和服装都以黑色为主，这是因为黑色契合了他们叛逆、另类、愤世嫉俗的个性。

在主持人服装中，黑色多用于礼服，有庄重的效果。年轻主持人选择一身剪裁特别的休闲款式的黑色服装，还可显示出一种时尚感。对于肤色偏黑和体型较瘦的人穿着黑色，会显得暗沉、没有生气；而对于肤色白皙和体型较胖的人，黑色可以起到很好的修身效果。

8. 白色

白色是所有光色的综合，象征着纯洁、无限、自由与解脱。

白色是运用范围最广的服装色之一，它在正式场合给人高贵的感觉，所以在主持人服装中，也常用于礼服。同时白色明快的感觉，也适用于职业装中的衬衫、休闲服装或运动服。但白色是一种能使人产生错觉的膨胀色，所以在镜头前，体态较胖的人不宜穿着。

9. 灰色

灰色是黑白调和的结果，介于黑白色之间，兼有黑白两色的折中性。灰色与黑、白相同，给人文静、高雅的感觉，但有时也会有单调、呆板或迟钝的感觉。

运用于服装领域，灰色系是表现古典、优雅、高品位不可或缺的色彩。灰色常显示出稳健、自信、权威感，所以灰色多用于传统男性西服及中高档职业女装。此外，很多流行的时装也采用灰色，尽显品位与时尚。但少儿节目主持人选择灰色服装还需慎重。

三、色彩的搭配

在色彩的选择上，主持人的服装色彩不宜过多过杂，要遵守“三色原则”，即全身着装的大色块不要超过三种，否则就会显得不伦不类，失之于庄重和职业。除了活泼稚气的少儿节目主持人或某些标新立异的主持人形象，一般我们会选择较为安全的双色搭配。

1. 双色搭配

(1)邻近色搭配

所谓邻近色就是在色环中夹角小于60°的颜色。一般来说，邻近色处于同一系统之下，有着相同的“颜色基因”。所以，无论怎么搭配，都会显得和谐而自然。可以说，邻近色搭配是最保险的穿衣法则。

下面，我们就以三原色为例，认识一下邻近色的搭配：

①红色与其邻近色(如图6—2—4/彩图146)

图6-2-4　红色与其邻近色

红色和其邻近色搭配在一起所形成的效果美不胜收，可令红色的质感更加丰满华贵。

• 搭配红色系之中深浅不同的几种颜色，会给人强势、干练的印象。

• 红色系和橙色系搭配在一起，可以营造出温柔、恬静的氛围。

• 红色系和桃红色系搭配在一起，会给人一种华丽、优雅的感觉。

• 橙色系和较亮的桃红色系搭配在一起，会显得恬静、秀美。

• 橙色系和桃红色系相仿的颜色进行对比时，调节色彩的明暗度，会显得既活泼又生机勃勃。

• 橙色系和桃红色系列的颜色同时搭配，如果将其差异最大化，会呈现出前卫和休闲的气息。

②蓝色与其邻近色（如图 6—2—5/彩图 147）

图 6-2-5　蓝色与其邻近色

蓝色的邻近色是从绿色一直延伸到紫色的区域，虽然彼此面貌相似，却有着性质上的差别。

• 仅使用接近原色的蓝色系，可以营造出适宜正装的平静气氛。

• 蓝色系与色环中距离较远的邻近色对比，并把它的明度提高，会有安静、清晰的女性气息。

• 蓝色系与色环中距离较远的邻近色对比，并把它的明度降低，会显得优雅、稳重。

• 不同程度地调节蓝色邻近色的明度并与蓝色系对比，会显得既和平又生机勃勃。

• 蓝色与其邻近色一起使用时，可以自然而然地达到一种对比和协调的效果，新潮而不轻浮。

• 仅用蓝色系相近的紫色系与蓝色系进行搭配，会更显得清爽活泼、朝气蓬勃。

③黄色与其邻近色（如图 6—2—6/彩图 148）

在邻近色的限制范围内，黄色有着极大的可塑性，只要稍许变化，它的色感就会大不一样。

图 6-2-6　黄色与其邻近色

• 将接近原色的黄色系明度稍微调暗与中黄色搭配，会营造出平和的气氛。

• 多使用偏草绿色的黄色与黄色系形成邻近色的对比，会强化新鲜感。

• 多使用偏橘黄色的黄色与黄色系形成邻近色的对比，会强化女性气质。

• 如果使偏草绿色的黄色和偏橙色的黄色形成弱对比，就会营造出清新、活跃的气氛。

• 使用在色环中与黄色相隔较远的邻近色，并将其明度提高，与黄色系搭配后会营造出清爽、时尚的氛围。

• 选择黄色在色环中不同方向上的两种邻近色，将其差异最大化使之搭配，效果强烈，具有东南亚和印度的民族风情。

邻近色相或同一色相的搭配，由于色相变化小，形成一种沉静感，是内向型的配色，表现出自然、稳定的感觉。统一的色相，体现出一种特有的趣味性和简约的高品位，更适合稳重、职业的主持人形象，如新闻节目、科技节目、时政性或专业性的谈话节目等。

(2)对比色搭配

对比色搭配即把色环上夹角大于 120°、色感差别较大的颜色搭配在一起，往往会产生强烈的视觉效果。其中，冲突最明显的就是三原色与其补色的搭配。

①红色＋绿色(如图 6—2—7/彩图 149)

图 6-2-7　对比色 红＋绿

俗话说：“红配绿，赛狗屁。”原因是红色本身的个性华丽而强烈，可是旁边多了绿色，使得红色的氛围立刻变得古朴而沉静，看起来土里土气，有一种两败俱伤的感觉。但是，如果我们把红色和绿色搭配得好，它们也可以营造出温暖、平和的气氛，是最温暖的互补色。

红色激情似火，而绿色柔和平静。当两种颜色搭配在一起，红色因为迁就绿色多了一丝平静，而绿色也因为迁就红色增添了一分热情。这样一来，互补色对比就不只是看上去醒目了，还会给人一种温暖而柔和的感觉。所以，红色和绿色的搭配经常用于表达亲情和爱情，就像每年的圣诞节，整个世界都会被“红配绿”所装扮。

然而，红配绿也有一个致命的弱点：两种颜色并列在一起，会有刺眼之感，若长期注视，会产生视觉疲劳，这是由于红色和绿色的明度相仿造成的。这时候如果我们把某一色的明度稍作调整，配出的色彩感反而更加舒服。

②蓝色＋橙色（如图6—2—8/彩图150）

图6-2-8　对比色 蓝＋橙

蓝色和橙色是最清爽年轻的补色对比。蓝色和橙色搭配，色彩对比较为强烈，多用于运动装备、电子设备、宇宙飞船等领域，因此，这对互补色具有浓郁的科技气息。另外，蓝色和橙色搭配还可以营造出崭新的、年轻的、积极的气氛，是最清爽的补色对比。

蓝色给人清爽利落的感觉，而橙色则带有些明亮、热情的气质。这两种颜色各自的特点组合在一起，互相促进、相得益彰。首先，这两种颜色搭配会更显出明亮和新鲜感；其次，与其他互补色相比，这对互补色更显得利落、洋气。它们的组合常表现出一种机械感和科技感，所表达的是尖端的形象和冷酷的气质。另外，这对互补色也能产生稚嫩的视觉效果，因此常被用于夏装和淑女装的搭配。

③黄色＋紫色（如图6—2—9/彩图151）

图6-2-9　对比色 黄＋紫

黄色和紫色拥有明度、色相的双重对比关系，使得它们比其他互补色更显得宁静而优雅，给人雍容优雅、光彩照人的印象，是最优雅的补色对比。

首先，黄色是有彩色中最明亮的颜色，而且黄色属于暖色，在视觉上有一种向前突出的感觉。而紫色是冷色系，在视觉上有一种向后凹陷的感觉。其次，紫色是由几种原色混合而成的暗色，与黄色在明度上形成了鲜明的对比。

所以，黄色和紫色的搭配不仅体现出鲜明的互补色对比关系，也体现出强烈的明暗对比，这就是其他互补色不具有的色相、明度的双重对比。这样不仅会强化对视觉的刺激，而且会使色彩特征更加深化、突出。黄色的明快华丽与紫色的冷静平和搭配在一起，引人注目又不失优雅含蓄，塑造出了贵族般的气质和品位。

(3)对比色的调和

除上述的补色搭配以外，对比色的搭配还有很多，比如红色和蓝色、绿色和橙色等等。总之，对比色的搭配，色相对比鲜明、强烈，容易吸引人的眼球，使人兴奋激动，更适合活泼、跳跃、年轻、时尚的主持人形象，如综艺节目、娱乐资讯类节目、时尚类节目、美容类节目、女性节目等。但如果这些对比色的搭配注视频率过高，也容易造成视觉上的疲劳。

那么，如何让冲突的对比色搭配更协调、更柔和呢？常用的方法有三种：改变比例、改变明度、改变纯度。

①改变比例

就是把对比色中一色的面积增大，把另一色的面积减小，使它们的面积比例加大，可达到“万绿丛中一点红”的效果，有主有次，相互衬托（如图6—2—10/彩图152）。

图6-2-10　改变比例

②改变明度

就是把对比色中一色的明度提高，把另一色的明度降低；或是单独把对比色中一色的明度提高或降低，使对比色之间的明度差别加大，从而产生清爽、明快的视觉效果（如图6—2—11/彩图153）。

图 6-2-11　改变明度

③改变纯度

通常是把对比色其中一色的纯度降低，或是把两种颜色的纯度都降低（如图 6—2—12/彩图 154）。这样可使原本鲜明夺目的视觉冲突感减弱，变得层次丰富、优雅厚重，华丽而不轻浮、夺目而不张扬。

图 6-2-12　改变纯度

2. 多色搭配

多色搭配视觉冲击力强，在主持人形象中运用较少。若选择多色搭配，要确定一个主体色，其余色彩做点缀式搭配，效果较好。此种搭配方法常见于时尚类节目或少儿节目。

第三节　服装款式的选择

构成服饰语言的第三个要素是服装款式，它是塑造个人风格的最重要元素。不同的节目形态要求主持人拥有相对应的风格特征，所以主持人服装款式的选用首先要服从节目需要，其次还要考虑对自身的修饰作用。

一、不同的服装风格

服装风格多种多样，每种节目类型至少有一种服装风格与其相适应。总的来说，适合于节目主持人的服装风格主要有以下几类：

1. 职业风格

职业风格是在“二战”以后发展起来的，源于实用的工装设计。在现代社会它又超越了工装设计，是一种有职业感觉的主体审美状态，体现了知识和智慧的力量。利落的线条、合身的剪裁、适度的垫肩制成整套的裤装和裙装套装，配上笔挺的浅色衬衫，塑造出专业、权威、稳重、睿智的形象，是新闻类节目男女主持人最常采用的标准性穿着，也适用于一些充满理性分析的评论类节目（如图6—3—1）。职业风格是男主持人上镜的通用、标准也最常见的着装方式。

图6-3-1　职业风格

2. 休闲风格

休闲风格最基本的特征是大方、自然、亲切、健康，一般为直线形的造型，不强调曲线设计。摒弃华丽、繁琐和雕琢的美，一般选用棉、毛等天然材质，明快清新，适合现代人的生活节奏。

其中，通勤风格是常见于白领的半休闲主义服装，原指从家中前往工作地点时穿着的服装。休闲衬衫、宽松长裤、针织外套、毛背心和中跟皮鞋使穿着者看起来温和、贴近自然，适于打造干练、清爽的形象，毫无压迫感和距离感。此种风格在多种节目类型中都被广泛运用，常见于访谈类节目、生活服务类节目、经济类节目、民生新闻等。

运动风格以宽松、舒适为特点，多运用牛仔、针织或特殊运动面料，有T恤、帽衫、短裤、短裙、运动套装等款式，色彩鲜艳，适于打造年轻、活泼、健康的形象，常见于竞技体育类节目、少儿类节目和外景主持人的着装（如图6－3－2）。

图 6－3－2　休闲风格

3. 古典风格

古典风格主要吸收了古希腊、古罗马以及巴洛克、洛可可时期的服装特点，表现出上流社会的雍容华贵。装饰细节比较多，做工考究，有些保留了传统的制作工艺，有比较强的外饰特点，常运用于晚礼服的制作，适用于大型正式场合。主要款式为缠绕、垂坠或层叠繁复的晚礼裙，丝绒等富有光泽面料的三件式套装西服或燕尾服等，打造出华丽、高贵、正式的形象，常见于综合型晚会的男女主持和一些追求高端视觉效果的个性主持人着装（如图 6－3－3）。

学院风格也属于古典风格的一种，以早期美国常春藤盟校的校服为蓝本，针织帽、白衬衫、藏青裙、V 领毛背心、条纹衬衫、制式西装短裤、格子西服等，简洁又充满理性。青少年节目或娱乐类节目主持人通常采用此类风格，拉近了与目标受众的距离，体现出亲切感。

图 6－3－3　古典风格

4. 前卫风格

前卫风格有多个分支，主要表现为朋克风格、波普艺术、超现实主义风格和极简风格等。

朋克风格的主要特点是追求刺激、对抗传统审美。此类风格常常把鲜艳的色彩和黑色一起运用在刻意破烂的T恤和简洁的牛仔裤上，加上夸张的图案和LOGO，并配之以金属或皮质的装饰物，粗犷地把它们混搭在一起，体现出一种离经叛道的荒诞之感和新奇风格。此类风格常见于音乐节目、综艺节目等流行性较强的节目形态中年轻男女主持人的着装(如图6—3—4)。

波普艺术及超现实主义风格通常采用高科技亮光或反光面料，配之鲜艳夸张的几何图形，在舞台上创造出一种超乎现实的未来世界。一般电视节目主持人较少采用，但有时会运用于节目中某些特殊环节的造型。

极简风格擅长在服装中做减法，几乎不用任何装饰物，把一切多余的元素从服装中拿走。少用色彩、图案和印花，追求廓形设计与人体的统一，通过精确的结构和精良的工艺使服装简洁、大气、时尚感十足。常用于时尚或娱乐类节目的男女主持人。

图6-3-4 前卫风格

5. 浪漫风格

浪漫风格以洛丽塔、田园感觉为主，主要款式有连衣裙、罩衫和各类小礼服，使用丝绸、丝绒、雪纺、蕾丝或薄棉布等面料，配合抽摺、饰珠、亮片、流苏、花饰、荷叶边和蝴蝶结等丰富的装饰手段，适于打造优美、轻柔、梦幻的女性形象。常用于晚会、少儿、女性节目的女主持着装（如图 6—3—5）。

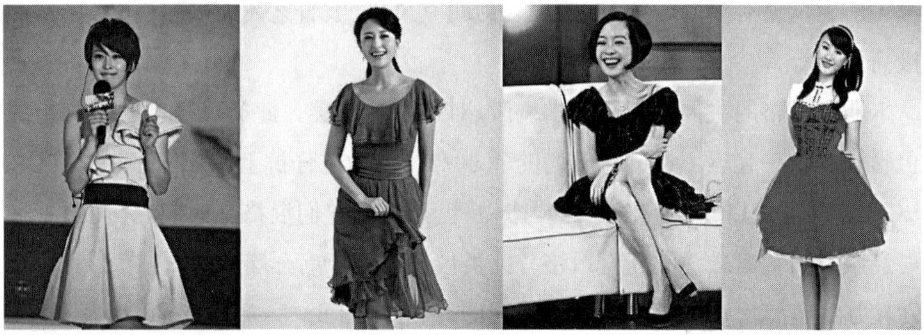

图 6-3-5　浪漫风格

6. 民族风格

民族风格服装是带有民族传统特点的现代流行性服装。它具有浓厚的民族风情，但又结合了现代社会的审美情趣，是现代社会多元化的表现。较为典型的风格类型有中国风格、日本风格、波西米亚风格、非洲风格、西部牛仔风格等。这些民族服装大多比较艳丽，外饰性明显，体现了鲜明的民族特征。

我国荧幕前主持人服装的民族风格多表现为中国民族特色，如女性的旗袍、男性的中山装或是唐装等（如图 6—3—6）。它们一般都属于改良型，往往使用东方材料结合西方服装结构特点。在款型上或是制作工艺上与传统有很大的不同，但仍能让人感觉到中国民族服装已化作一种精神蕴涵在里面。此类服装常见于节庆当中的一些电视节目（如春晚、中秋晚会等），国学、历史类节目或是中医养生类节目，体现了喜庆气氛或民族文化。

图 6-3-6　民族风格

二、服装款式的修饰作用

主持人的服装除了要与节目类型相匹配之外，还要考虑是否与自身特点相适合、能否起到优化形象的效果。如果只考虑节目风格而忽视了服装款式与人体态的契合度，仍然得不到良好的视觉效果。

构成服装款式的部件有衣领、衣袖、口袋、门襟等，其中衣领对形象能起到最突出的修饰。因为它非常接近人的面部，处在视觉中心，而主持人通常以中景或近景出镜，观众的视觉焦点60％以上的时间都处于主持人的腰部以上。所以，对于主持人来讲，服装款式的其他部件主要考虑风格类型，对于领形则要考虑领形与脸形的搭配程度。

1. 椭圆形脸

椭圆形脸是最完美的脸形，通常不需要修饰，基本适合任何领形。

椭圆形脸的领形搭配如图6—3—7所示。

图6-3-7　椭圆形脸的领形搭配

2. 倒三角形脸

倒三角形脸最接近于完美脸形，对领形的适应较广，选配领形比较容易，无论是圆领、方领、小翻领都较适宜。但尖下巴配上具有视觉延伸感的V字领，会使面部显得不那么丰满。

倒三角形脸的领形搭配如图 6—3—8 所示。

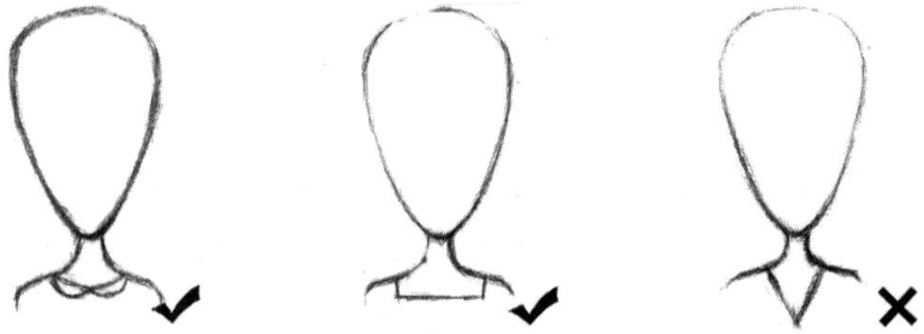

图 6-3-8　倒三角形脸的领形搭配

3. 圆形脸

圆形脸不宜选择圆领、前阔后狭的倒大式领样，而应选择 V 字领和方形领或深 U 字形领，起到拉伸脸部轮廓的作用。

圆脸的男士容易给人孩子气的印象，衬衫应注意选择拉伸脸形、显得较成熟的领形，如长领形和有扣型。

圆形脸的领形搭配如图 6—3—9 所示。

图 6-3-9　圆形脸的领形搭配

4. 方形脸

方形脸应尽量选用可以减少面部棱角感的领形，尽量避免采用方形领或一字形领。一般以圆领、V 字领或小圆角翻领等领形较为适宜，可以柔化棱角分明的脸部轮廓。

具有这类脸形的男士大多脖子较为粗短，所以不适合穿小领形和别针领形的衬衫，宜选择长领形或有扣型的衬衫，从而给人以柔和的感觉。

方形脸的领形搭配如图 6—3—10 所示。

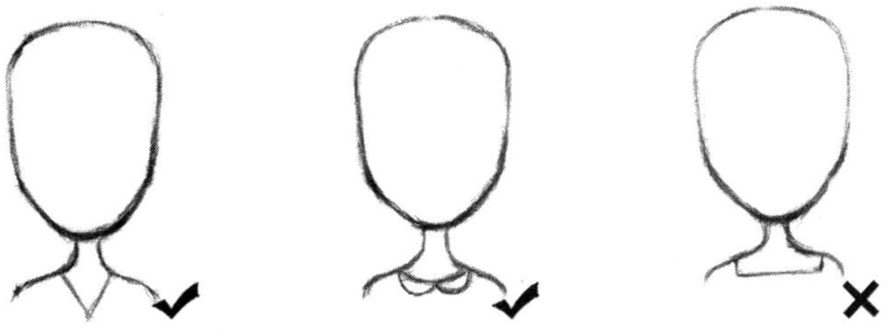

图 6－3－10　方形脸的领形搭配

5. 长形脸

长形脸应尽量选用能够遮盖胸口和颈部的领形，开领越浅越好，切忌采用长形或狭长形的领式，那样会拉伸脖子与面部的长度。应选择水平领样，如一字领、方领、小圆领等，在视觉上有缩短脸形的作用。

这类脸形的男士大多脖子细长，为弥补这个缺点，可以选择穿温莎领或高领形的衬衫。

长形脸的领形搭配如图 6—3—11 所示。

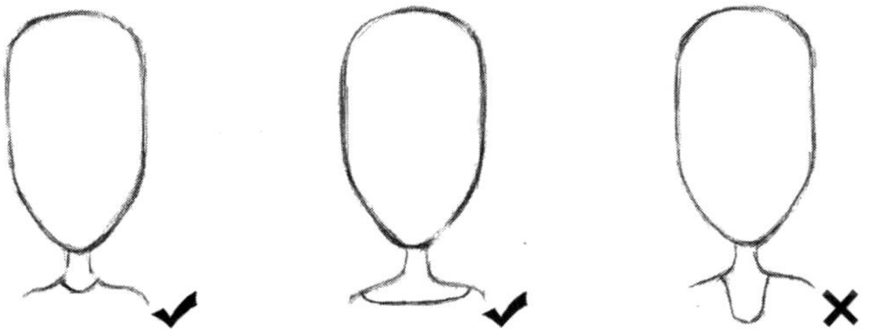

图 6－3－11　长形脸的领形搭配

6. 菱形脸

菱形脸也应选用可以减少面部棱角感的领形，尽量避免领形重复脸形，不适合 V 字领，应选择光滑圆润的圆领或小翻领来柔化脸部轮廓。

菱形脸的领形搭配如图 6—3—12 所示。

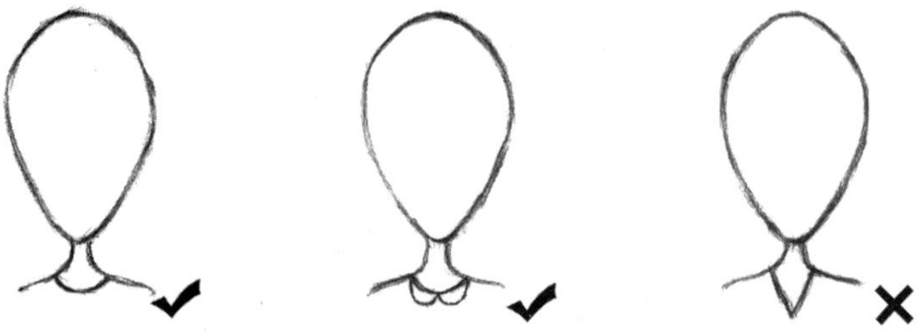

图 6-3-12　菱形脸的领形搭配

7. 三角形脸

三角形脸应尽量选用开阔的领形，但切忌横向开口过大，如方形领和一字领，可选择 V 字形领或大圆领，以减少下腭的宽大感，在视觉上增加上额的宽度。

三角形脸的领形搭配如图 6—3—13 所示。

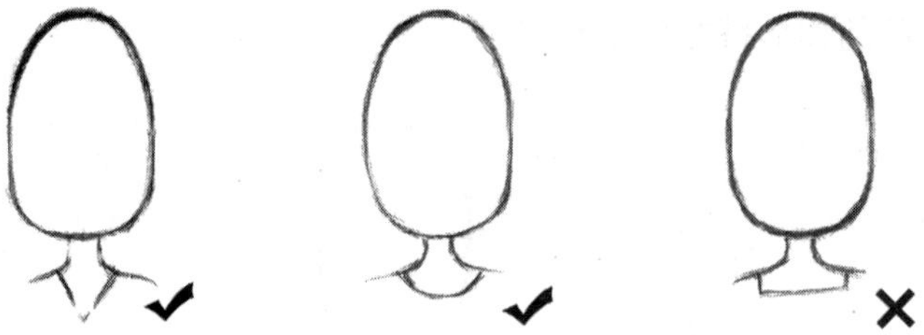

图 6-3-13　三角形脸的领形搭配

第七章　不同节目播音员主持人造型设计

一款完美的妆容、恰当的服饰，不仅能够体现主持人尊重观众的职业素养、提升主持人的个人魅力，还可以增加一档节目的可看性和感染力。想一想，那些为了看一眼女主持今天又穿了什么时尚服装而苦苦守在电视机旁的女孩子，还有每年春节晚会结束后不厌其烦地点评男女主持的化妆发型，甚至是一个配饰的各类媒体。由此，化妆造型对主持人的重要性可见一斑。

随着电视行业突飞猛进的发展，我国的电视节目形态也在不断细分，显然，千人一面的主持人形象已经不能满足细分后更加专业的节目要求。各种节目形态都应有与之匹配的化妆和造型。试想一下，新闻节目的主持人梳着麻花辫、穿着吊带衫、画着烟熏妆该是多么可笑的一幅画面。本章主要针对电视节目的不同要求，探讨不同类型主持人的造型设计。

第一节　新闻节目播音员的造型设计

新闻节目播音员的工作是播报新近发生的事实，在节目中不应夹杂个人情感，要求报道事实而不报道态度。所以，他们的形象应该给人以严肃、端庄的感受。

一、新闻节目播音员化妆的特点

1. 使用较少色彩

在妆容方面，播音员应使用较少的色彩，眼影色多以肉粉、棕色系为主，有时也可运用粉蓝、粉绿色系，腮红、唇色多为自然的肉红色，相对浅淡。浓妆艳抹会降低播音员的权威性和可信度。

2. 睫毛清淡自然

新闻节目的播音员以正面出图像为主，而且播出过程中景别不变，光往往是从斜上方45°角打过来，所以睫毛太长、太浓密，反而会遮挡眼睛的反光，使眼神暗淡，没有神采。所以一般只用睫毛膏强调眼神，不使用假睫毛。

3. 着重打造面部立体感

新闻播音员在制作节目时多采用前光照，而正面光会减弱面部的立体感，所以在化妆时就要尽量利用高光和阴影把被光“吃掉”的立体感补回来。

4. 注意面部遮瑕

新闻节目拍摄以近景为主，可能有中景或特写，镜头往往推得比较近，所以在化妆时要注意面部的遮瑕。尤其现在以央视为首的很多卫视台的节目，在制作和播出环节都逐步向数字化高清信号发展，观众收看到的图像清晰度和主观层次感不断增强，这也对遮瑕技术提出了更高的要求。

二、新闻节目播音员化妆的操作步骤

1. 妆前的清洁、补水、护肤

因为新闻节目多是近景拍摄，皮肤的质感很重要。必要时可敷补水面膜，补水滋润，防止脱妆（如图7—1—1/彩图155）。

2. 妆前的观察、调整

化妆前看眉形、双眼皮是否需要调整，要清除杂眉，不够理想，可使用磨砂面的美目贴（如图 7—1—2/彩图 156）。

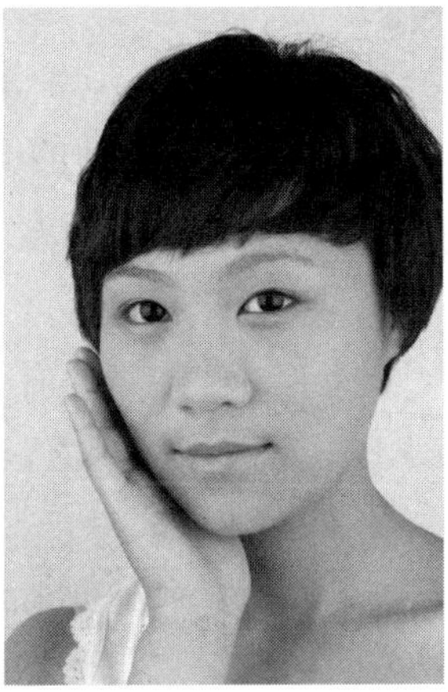

图 7-1-1　步骤一

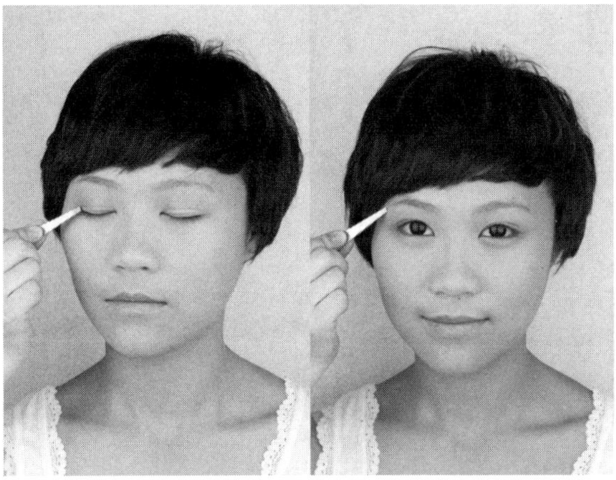

图 7-1-2　步骤二

3. 粉底

应选择接近肤色的暖色调粉底，可在面部皮肤上试验粉底是否与肤色融合，不可太白。新闻播音员常使用粉底膏，因为其遮盖性强，持妆时间长。用海绵将粉底膏从中心向四周均匀涂抹（如图 7—1—3/彩图 157）。

4. 遮瑕

电视镜头中遮瑕非常重要，内轮廓的皮肤要尤为注意。可用遮瑕膏或浅一号的粉底施打在内轮廓，遮瑕同时起到提亮作用（如图 7—1—4/彩图 158）。如有黑眼圈，应用专业遮盖产品。

5. 高光

高光的使用范围：T 区、下巴、嘴角、眼下。鼻高光不要过宽过长，提亮的第一笔要放在最黑的地方（如图 7—1—5/彩图 159）。

6. 阴影

面部阴影的使用范围：鼻侧、两颊、发际线、颧骨下陷（如图 7—1—6/彩图 160）。

7. 定妆

使用粉扑定妆（如图 7—1—7/彩图 161）。在 T 区、嘴角等易出油的区域按压厚一些，其他区域要适当薄些。

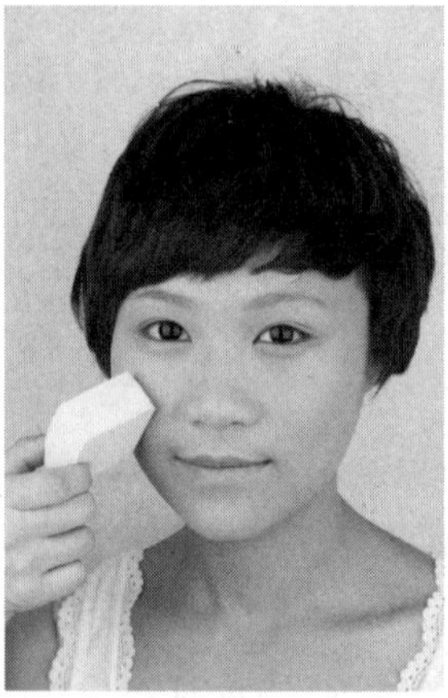
图 7-1-3　步骤三

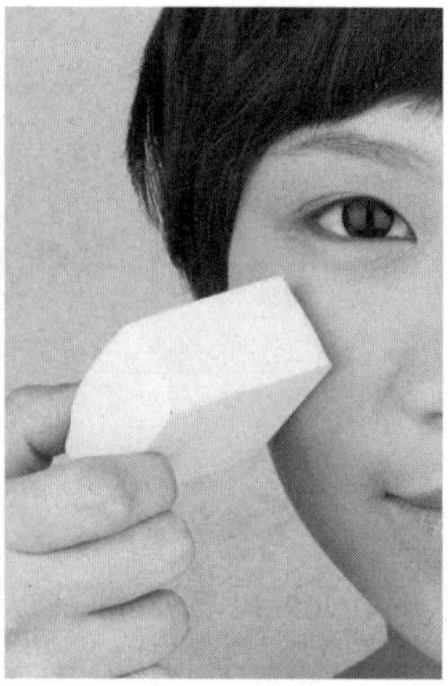
图 7-1-4　步骤四

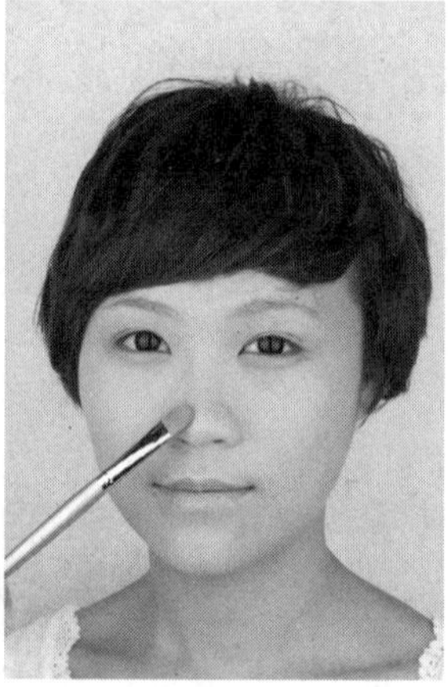
图 7-1-5　步骤五

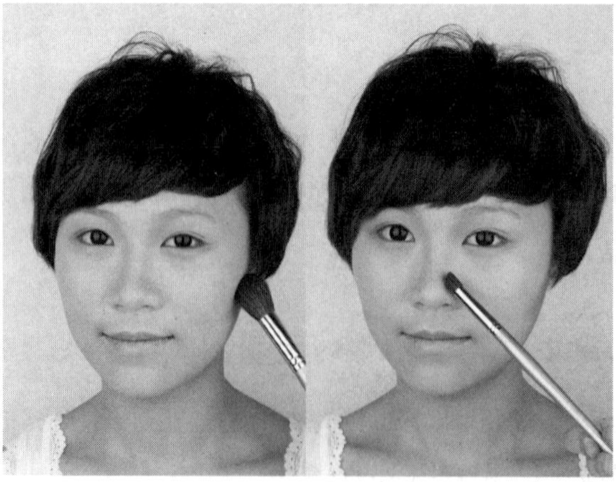
图 7-1-6　步骤六

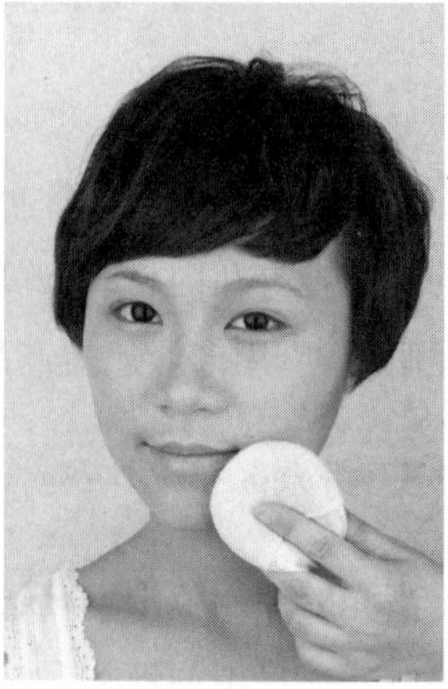
图 7-1-7　步骤七

8. 眼影

在涂染方式上，常使用平涂和隐性倒勾的方式，隐性倒勾可增加面部立体感（如图 7—1—8/彩图 162）。在色彩选择上，常选用肉粉色、棕色、粉蓝、粉绿，尽量避免珠光眼影。

9. 眼线

眼线的整体形状很重要，一般前 1/3 窄，后 2/3 逐渐向上变宽（如图 7—1—9/彩图 163）。新闻主播大多时候不画下眼线，如果描画也应以浅淡为主。

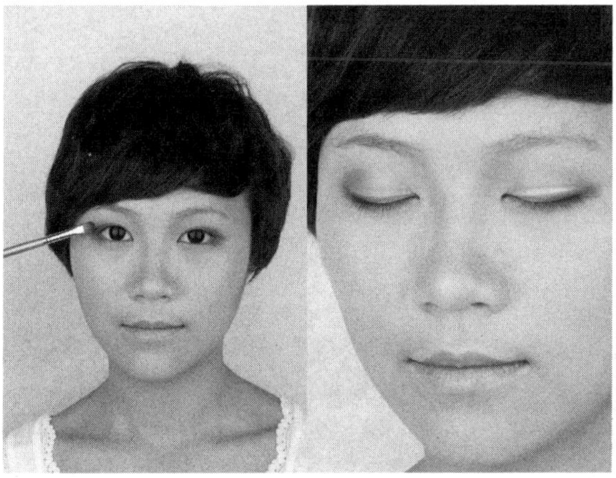

图 7－1－8　步骤八

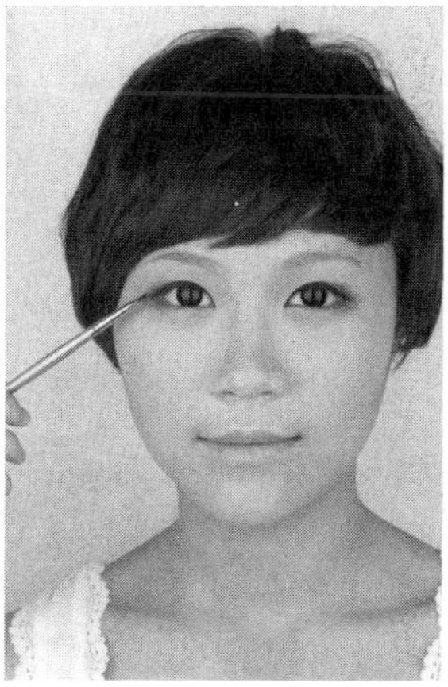

图 7－1－9　步骤九

10. 睫毛

夹弯睫毛，涂染睫毛膏（如图 7—1—10/彩图 164）。

11. 眉

新闻主播的眉形要整齐，不要太过蓬松，整体呈现眉底深、眉梢深、眉头浅。可用眉粉铺底，再用黑灰色眉笔局部加强，也可直接用眉笔描画（如图 7—1—11/彩图 165）。

12. 腮红

粉红色最适宜上镜，播音员腮红一般采用肌肉打法（如图 7—1—12/彩图 166）。

13. 唇彩

播音员常选用粉红或肉红色的亚光唇膏。如果唇形不够好，可用唇线笔和唇膏调整，强调唇形（如图7—1—13/彩图167）。因为播音员讲话较多，应注意用纸巾吸去浮色后定妆，防止唇膏脱落。再次用同色唇膏涂染。

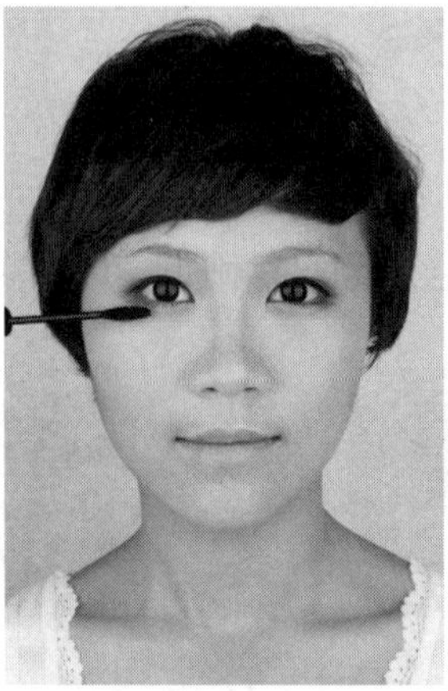

图7-1-10 步骤十

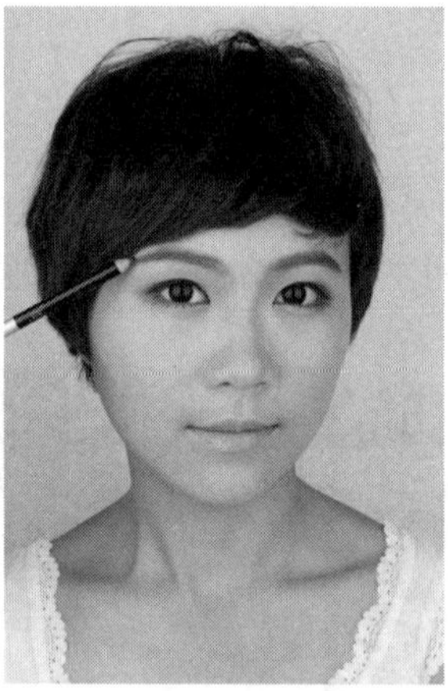

图7-1-11 步骤十一

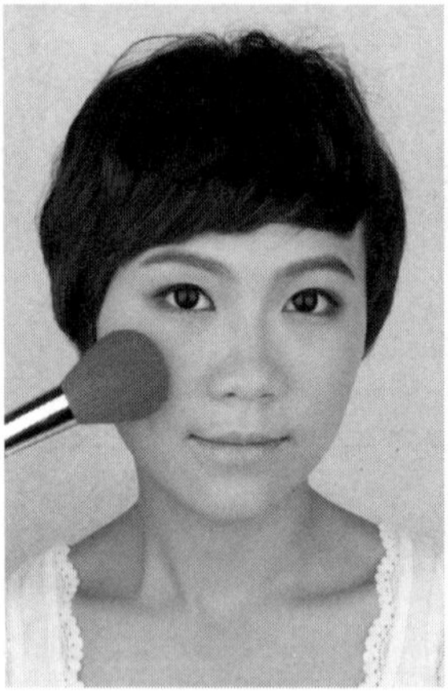

图7-1-12 步骤十二

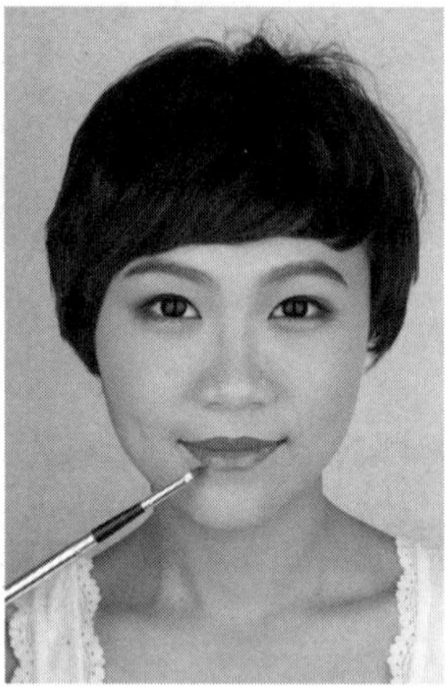

图7-1-13 步骤十三

三、发型设计

播音员上镜时多为干净整齐的传统式盘发或吹风造型后的蓬松短发。发色通常以自然的黑色、黑棕色为主，应该避免艳丽的发色。常使用吹风、打毛包发的造型方式。不可使用假发。

四、服装与配饰

在服装方面，新闻主播应该选择端庄大方的职业套装，外套里可选择衬衣、吊带、抹胸等来搭配。在领间颈胸不宜大面积露出肌肤，领口不宜低于腋线。

在色彩上，通常选用深色外套搭配鲜艳或浅淡的内搭衣物。如黑色、灰色或含灰的色系，如红灰、蓝灰、紫灰等色彩做外套，整体给人以冷静沉着、典雅秀丽的感觉，符合新闻节目的权威性要求。而红色、黄色等色彩鲜艳的内搭衣物，可以增添播音员的生动性和鲜活感，使观众在长期收看节目后不易产生审美疲劳。

此外，播音员的服装款式和颜色有时也会考虑到情境的因素。比如，国庆日新闻主播会穿着红色套装，春节时会穿着喜庆的唐装。社会的包容性在增强，一些在情理之中的变化，有时也会拉近播音员和观众的距离，起到意想不到的良好传播效果。

在配饰方面，新闻主播应尽量避免或采取少许饰品，比如丝巾或素色胸花。配饰颜色尽量与服装颜色呈邻近色，不可过于夸张，保持主持人端庄大方的形象。

女播音员形象效果如图 7－1－14/彩图 168 所示。

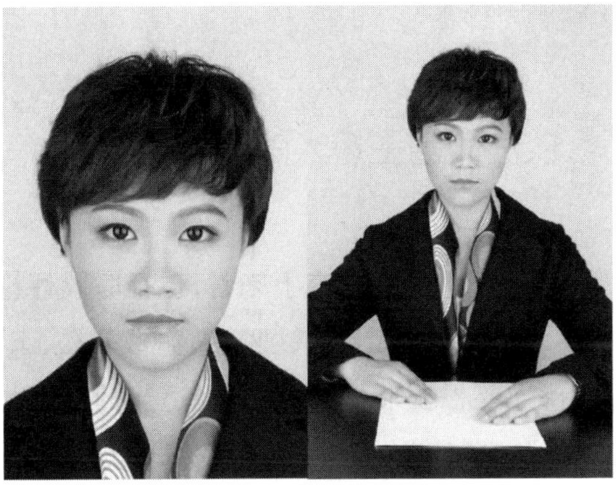

图 7-1-14　女播音员形象效果

五、新闻节目男播音员的形象要点

新闻节目的男播音员在化妆时，应主要表现男性的力度，在任何光源下都不应有化妆的痕迹。肤色应结实、健康，选择同肤色粉底或比肤色深一度的粉底，不可选用比肤色还要亮白的底妆。男播音员的化妆重点是通过高光阴影突出面部的立体感，突出挺直的鼻形、有棱角的眉形和唇形。过于夸张的修饰和面部的色彩堆砌，会使男性的形象带有脂粉气。

男播音员在发色和发型上也都应讲究规范。发色以自然的黑棕色为主，不宜漂染过于浅淡、过于夸张的颜色；发型也应简洁、整齐、明快、自然，尽量做到前发不附额、侧发不附耳、后发不及领。通常采用吹风的方式创造出饱满的发型。

服饰方面，通常是深色单排扣西服搭配浅色衬衫和素色领带。男主播一般应避免饰品修饰。男播音员形象效果如图7－1－15/彩图169所示。

图7－1－15　男播音员形象效果

第二节　谈话节目主持人的造型设计

目前谈话节目的类型有很多，从谈话内容上来看，包括时政评论类、财经类、社会话题性、人物访谈类节目等，呈现出或专业、严谨，或轻松、亲切的不同风格。因此，谈话节目的主持人要根据节目风格，选择适当的形象与之搭配。总的来说，谈话节目的主持人形象应该给人以清新、大方、知性的感受，避免形象过于花哨和夸张。

一、谈话节目主持人化妆的特点

1. 面部妆容清淡

整体妆容要求清淡，需使用质地轻薄的粉底、眼影、腮红及唇膏，达到干净、清爽的妆容效果，以此突出主持人的专业性或亲切感。减少使用厚重质地和反光效果的化妆品，减少妆容带给人的浮夸感觉。

2. 根据不同的节目风格，选择不同的色调

一般来讲，专业性强、谈话内容较严肃的节目，主持人妆色多采用冷色调，体现智慧、沉静与理性。眼影色多以粉蓝、灰蓝色为主，眉色采用黑灰色，腮红、唇色相互呼应，多为粉红、紫红、玫瑰红。而人物访谈或社会话题讨论式的节目，内容相对轻松、灵活，主持人妆色多采用暖色调，体现成熟、大方与亲切。其眼影色多为浅金、肉粉及淡棕色，眉色采用棕色系，腮红、唇色可选择肉红、朱红或珊瑚粉，色彩不易过为浓艳。

3. 采用稀疏自然型的假睫毛

谈话节目主持人的拍摄景别往往较近，所以妆容不宜太浓，睫毛也不能太长、太密，否则会失去干净清新的形象，拉大与谈话对象和观众的距离感。所以，一般选用稀疏自然的假睫毛强调眼部轮廓即可。

4. 适当强调面部结构

影棚内的正面光都会减弱面部的立体感，而要打造成熟、知性的形象，骨骼结构和立体感必不可少，所以在化妆时要利用高光和阴影适当强调面部结构。

二、谈话节目主持人化妆的操作步骤

1. 妆前的清洁、补水、护肤

因为谈话节目多是近景拍摄，皮肤的质感很重要，妆前要注意补水、护肤，防止脱妆（如图 7—2—1/彩图 170）。

2. 妆前的观察、调整

化妆前看眉形、双眼皮是否需要调整，清除杂眉（如图 7—2—2/彩图 171）。如果主持人的眼形不够理想，可使用美目贴。

3. 粉底与遮瑕

多近景拍摄，应先用隔离霜调整肤色。再使用质地轻薄的半透明粉底液，利用海绵由中心向四周均匀地涂擦于面部，以此得到较为自然、清透的底妆（如图 7—2—3/彩图 172）。打底之后，若面部肤色均匀则无需遮瑕。但如果面部的瑕疵还清晰可见，可用遮瑕膏轻轻地进行局部点按。

4. 高光与阴影

主要在面部正面进行施打：高光集中在 T 区、下巴、嘴角、眼下。阴影要浅淡，可用深色定妆散粉进行修饰（如图 7—2—4/彩图 173—A、173—B）。

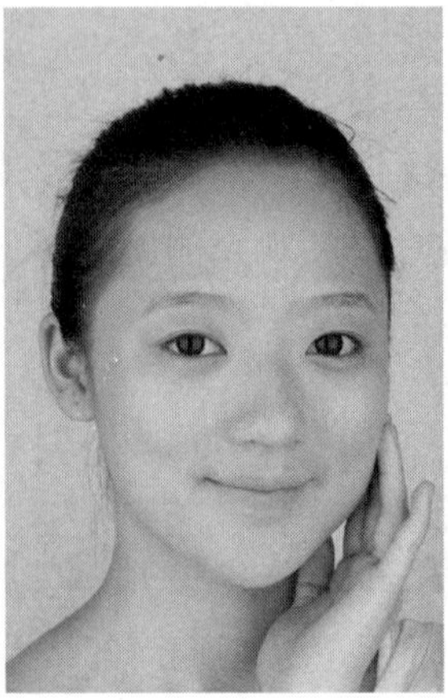

图 7-2-1　步骤一

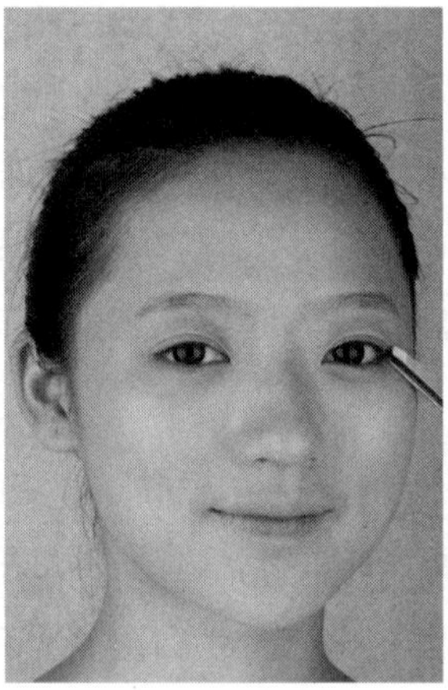

图 7-2-2　步骤二

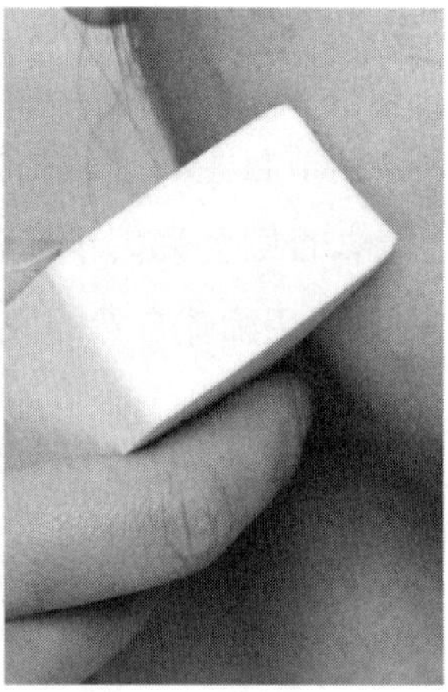

图 7-2-3　步骤三

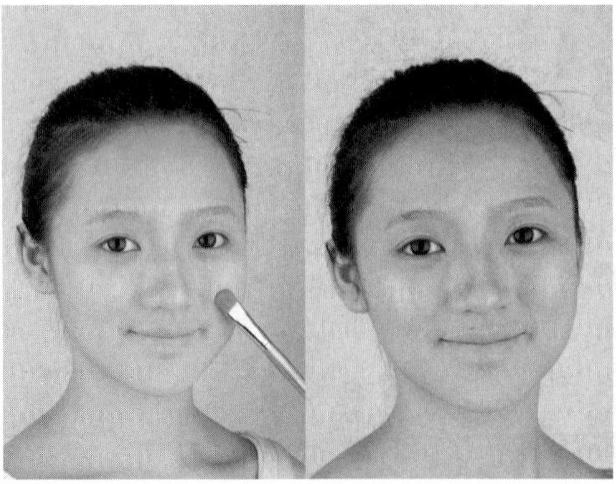

图 7-2-4　步骤四

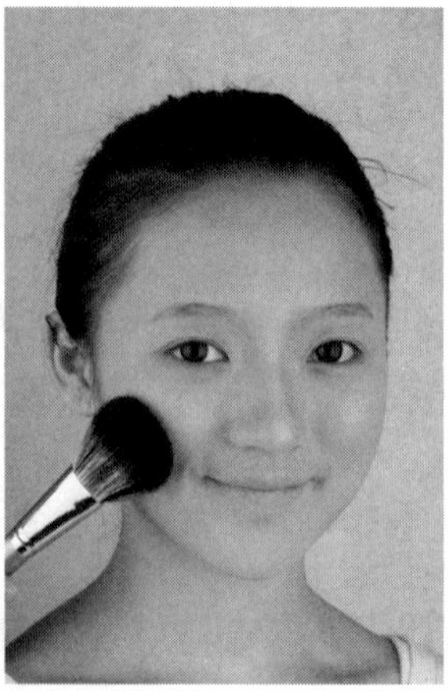

图 7-2-5　步骤五

5. 定妆

用散粉刷由中心向四周轻扫，直到达到面部色调均匀为止（如图 7—2—5/彩图 174）。在泛油光处定妆可以略厚。

6. 眼影

选择粉蓝、灰蓝、肉粉、浅金等色，使用平涂的方式做到渐层效果（如图 7—2—6/彩图 175）。可以使用低珠光效果的眼影。

7. 眼线

利用眼线笔描画基本型眼线，再使用水溶眼线将外眼角加粗，要求干净、均匀、清晰，一般不画下眼线（如图 7—2—7/彩图 176）。下眼线位置可用眼影色涂染。

8. 睫毛

夹弯、梳顺，涂染上下睫毛。然后紧贴眼线，粘贴稀疏自然型的假睫毛。于上睫毛处再次涂刷睫毛膏（如图 7—2—8/彩图 177）。

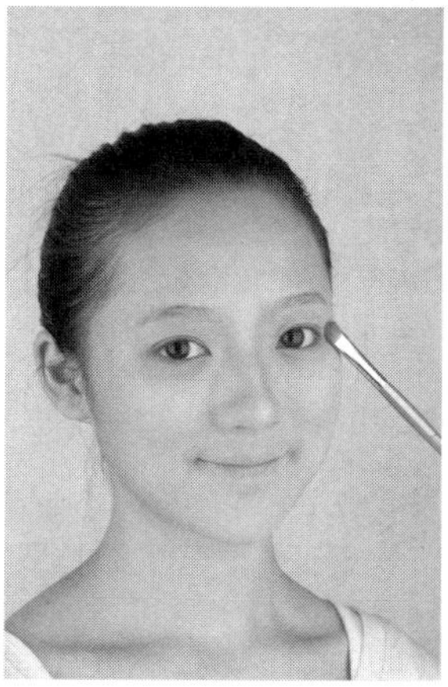

图 7-2-6　步骤六

图 7-2-7　步骤七

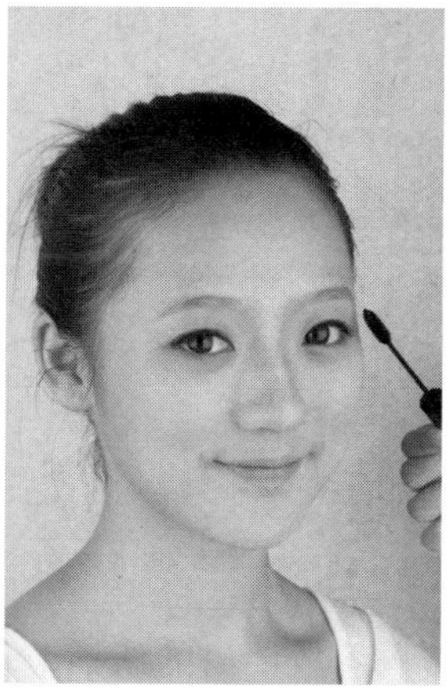

图 7-2-8　步骤八

9. 眉

多使用自然画法:用眉刷扫黑灰色或棕色眉笔,然后在眉毛处晕染,体现出柔和的眉形(如图 7—2—9/彩图 178)。

10. 腮红

肌肉打法、烘托打法二选一。若使用笑肌打法,用刷子的正面蘸到腮红,在手心试色,垂直在笑肌上用色,旋转(如图 7—2—10/彩图 179)。若使用烘托打法,用扁大刷,从下巴下方向内刷,再带过下颌角和太阳穴。

11. 唇彩

使用亚光唇膏,从口裂处向外晕染。涂画一遍后,用纸巾吸去浮色,再次用同色系唇彩或透明唇彩涂画(如图 7—2—11/彩图 180)。

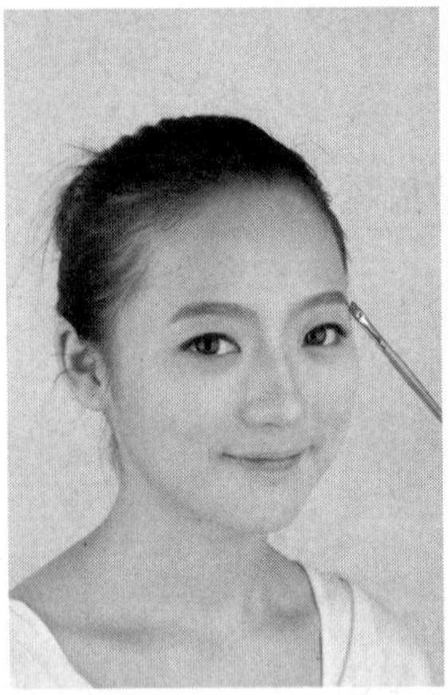
图 7-2-9　步骤九

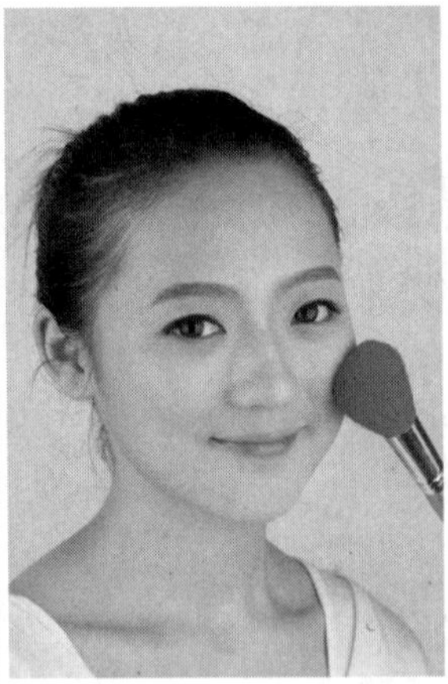
图 7-2-10　步骤十

图 7-2-11　步骤十一

三、发型设计

内容较严肃的谈话节目,主持人多采用干净整齐的传统式盘发、半盘式披肩发和利落蓬松的短发。而内容轻松的谈话节目,主持人多采用蓬松式盘发或卷发造型,以及带有一定造型感的纹理短发。

谈话节目主持人发色通常以黑色为主，或者是自然的黑棕色或板栗色，应该避免艳丽的发色。常使用吹风、烫卷、打毛包发的造型方式。

四、服装与配饰

谈话节目主持人的着装应随谈话对象或谈话内容的不同做不同的选择。

当谈话对象是政府官员、经济学家或权威人士，谈话的内容也是严肃而专业的问题，女主持可穿着比较正式的职业套装，下身可以是裙装也可以是裤装，领形不要太怪异；男主持应穿着套装西服配以浅色衬衫和图案细小的领带。在色彩上，不宜选用明度和纯度高的颜色，如大红、橙、绿等，应该选择深蓝色、灰色或咖啡色系，给人以冷静沉着、知性典雅的感觉。基本不需配饰，显示干练形象。

当谈话对象是普通老百姓阶层，谈话内容也更贴近民生时，主持人在着装上应朴实、简洁、大方，多选择通勤风格服装。女主持可穿着职业便装或款式简洁的连衣裙等，男主持可选择休闲衬衫、宽松长裤、马甲、毛背心等。不要穿着色彩艳丽、面料华丽的服装，也不要佩戴夸张的配饰，这会增加主持人与谈话对象的距离感，造成谈话对象的紧张情绪，谈话效果也会大打折扣。

当谈话对象是文艺界人士，主持人也可穿着时尚一些、色彩亮丽一些的服装，画龙点睛地选择配饰。但如果谈话对象是艺术家、作家的时候，还应该讲究服饰的文化品位，不可过于追赶潮流。

谈话节目女主持人形象效果如图 7—2—12/彩图 181 所示。

图 7-2-12　谈话节目女主持人形象效果

五、谈话节目男主持人的形象要点

谈话节目的男主持人在化妆时，应该主要表现干净、自然，不能有粗糙的皮肤，也不能有厚重的妆容，常选择与肤色相同或比肤色深一度的粉底液。谈话节目男主持人的化妆重点在于干净的皮肤、适度的阴影和利落的眉形。过于夸张的修饰和厚重的妆容，会使形象不够温和。

谈话节目男主持的发色以自然的黑棕色为主，不宜漂染发色；发型也应简洁、明快，只做简单的修饰，不做刻意的打理。

谈话节目男主持人形象效果如图 7—2—13/彩图 182 所示。

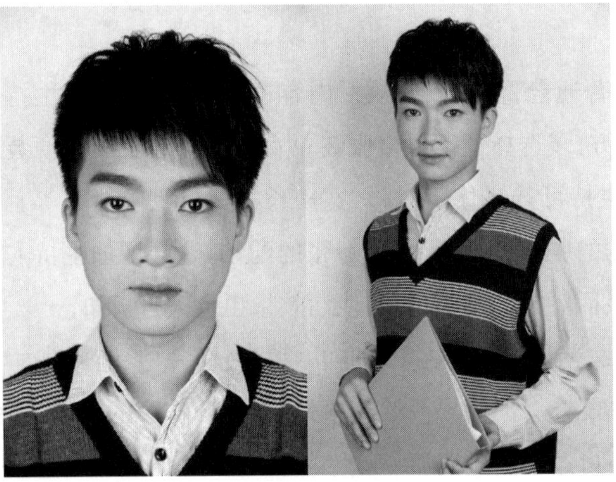

图 7-2-13　谈话节目男主持人形象效果

第三节　娱乐节目主持人的造型设计

娱乐节目主持人的造型设计在各类电视节目主持人中最具个性和时尚感。娱乐节目的主要受众是青年人，主持人通常也是青春靓丽的帅哥美女。人们看娱乐节目，不仅是在看有趣的节目内容，主持人时尚的妆容、发型以及服饰往往也会成会成为人们关注甚至模仿的对象。娱乐节目引导潮流的作用不可忽视，所以在主持人造型上，要符合主题，带动流行，多采用装饰性强的时尚元素，给受众以轻松、愉悦的视觉体验和审美满足。

一、娱乐节目主持人化妆的特点

1. 加入当下流行的化妆技巧

娱乐节目主持人要在传统化妆步骤中加入当下最流行的化妆技巧：尽量选取流行的色彩、使用流行的产品、运用流行的技术，以此增强观众对主持人形象的关注度和认可度。

2. 根据风格，选择适当的化妆用品

娱乐节目主持人的风格应该是多变的，一成不变的形象，会使猎奇心强的年轻受众很快失去兴趣。而不同风格的妆容需要借助不同的化妆用品，选择正确的化妆用品，会事半功倍。比如清淡的眉粉、浓密型假睫毛配合粉嫩唇彩，塑造出甜美可爱的主持人形象；而浓重的眉膏、纤长型假睫毛配合亚光唇膏，又为时尚性感的主持人形象加分。

3. 适当强调面部结构

时尚多变的风格需要富有表现力的面部结构，所以在化妆时要利用高光和阴影适当强调面部结构、增加面部的立体感。

二、娱乐节目主持人化妆的操作步骤

娱乐节目主持人的妆容类型较多、变化较大，下面我们以时下普遍流行的化妆方法为例，进行步骤分解。

1. 妆前的清洁、补水、护肤

娱乐节目的录制时间一般比较长，或者一次录制多期，所以妆前要注意补水护肤，防止脱妆，以免妆容越补越厚（如图 7—3—1/彩图 183）。

2. 妆前的观察、调整

化妆前看眉形、双眼皮是否需要调整,清除杂眉(如图 7－3－2/彩图 184)。如果主持人的眼形不够理想,可使用美目贴。

3. 粉底与遮瑕

想要体现轻薄、光泽的皮肤质感,应先用隔离霜调整肤色。再使用比肤色白一号的半透明粉底液,利用粉底刷,从脸颊开始均匀地涂刷于面部,填充毛孔和细纹。打底之后,可用遮瑕膏在正面的瑕疵部位轻轻地点按(如图 7－3－3/彩图 185－A、185－B)。

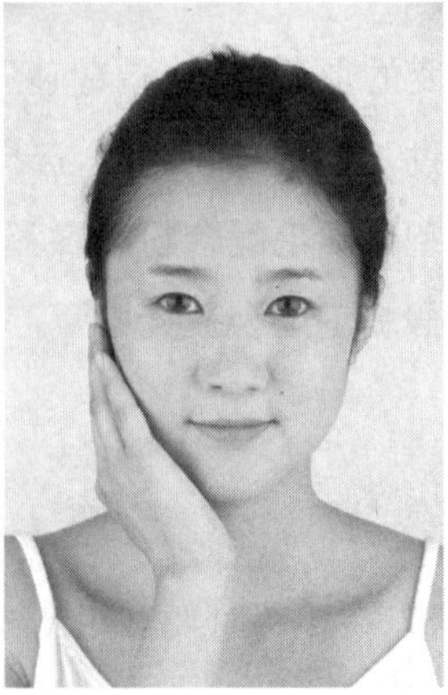

图 7-3-1　步骤一

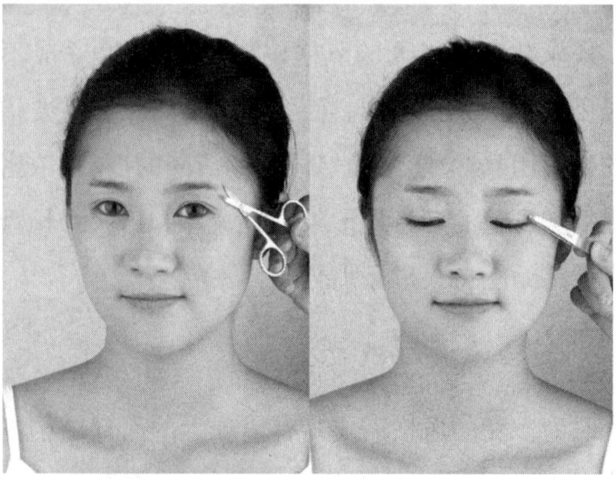

图 7-3-2　步骤二

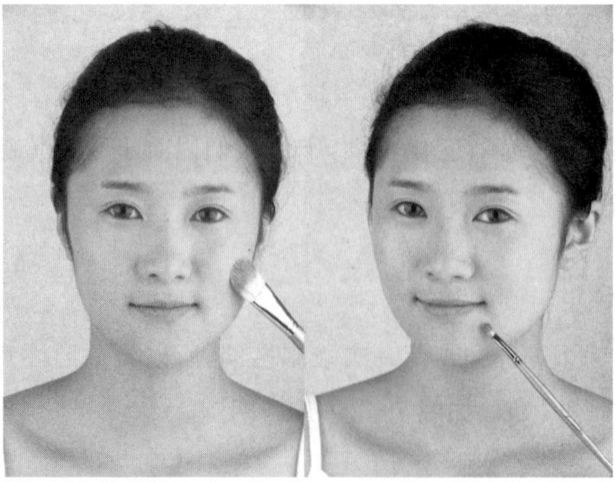

图 7-3-3　步骤三

4. 高光与阴影

高光集中在T区、下巴、嘴角、眼下施打。阴影色要浅淡，分布于鼻翼两侧、两颊和发髻线周围，主要强调正面结构(如图7—3—4/彩图186)。

5. 定妆

用散粉刷由中心向四周轻扫，直到达到面部色调均匀为止(如图7—3—5/彩图187)。在泛油光处用粉扑按压。

6. 眼影

选择低色度、高珠光的眼影，采用简单的平涂方式涂染(如图7—3—6/彩图188)。不强调眼影的色彩和轮廓，重点在于增加眼部的明亮度和光泽感。

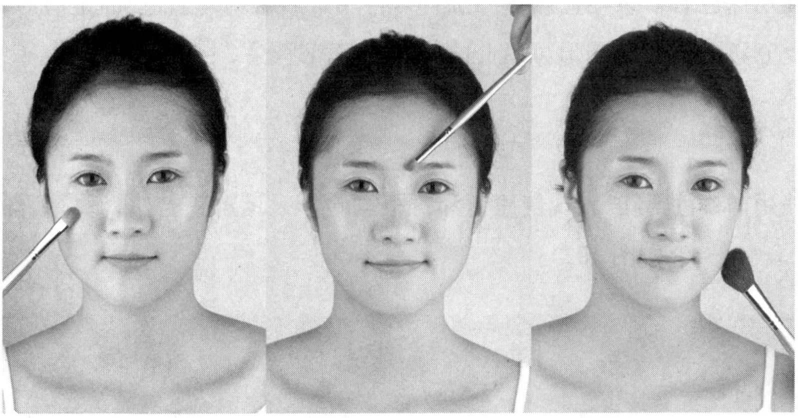

图7-3-4　步骤四

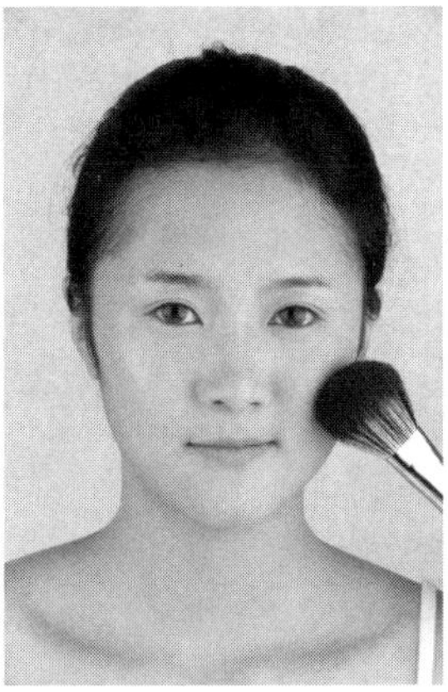

图7-3-5　步骤五

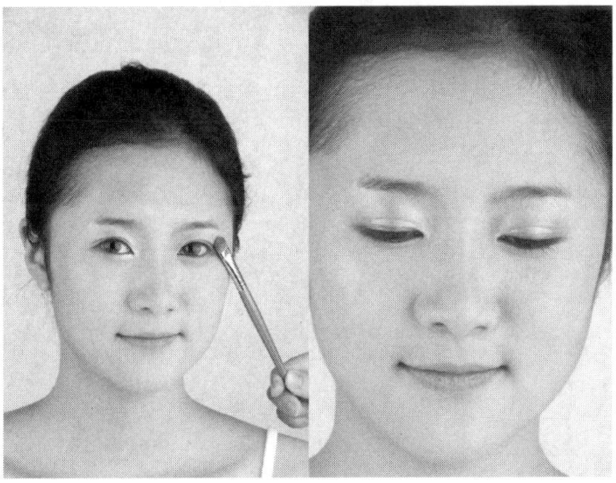

图7-3-6　步骤六

7. 眼线

利用眼线笔描画基本型眼线，再使用眼线膏将整体眼线加粗，在内眼角处略微拉长、外眼角后 1/4 处适当上扬，扩张眼部轮廓、塑造完美眼形。

然后用眼线膏在下眼睑睫毛根部后 1/3 处描画细致的下眼线，与上眼线呼应、衔接（如图 7—3—7/彩图 189）。

8. 睫毛

夹弯、梳顺，涂染上下睫毛。然后紧贴眼线，粘贴外重纤长型的假睫毛（如图 7—3—8/彩图 190）。于上睫毛处再次涂刷睫毛膏。

9. 眉

先用棕色眉粉烘托色调、补充眉形，再用染眉膏均匀眉色、固定眉形（如图 7—3—9/彩图 191）。眉形可以上扬，以增加面部神采。

10. 腮红

使用橘粉色腮红，表现健康色泽。根据脸形采用矫正打法，调整面部比例（如图 7—3—10/彩图 192）。

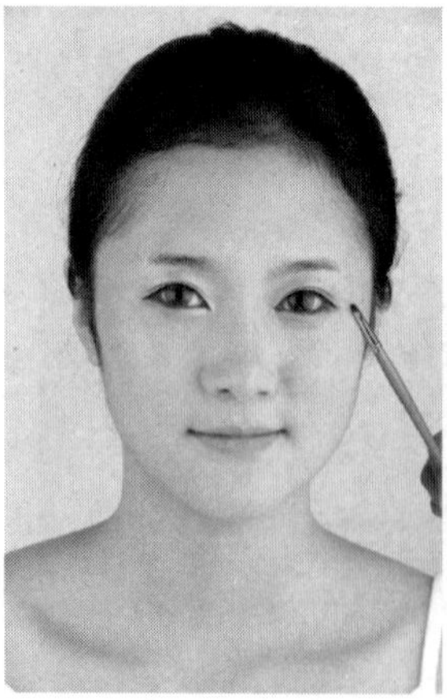

图 7-3-7　步骤七

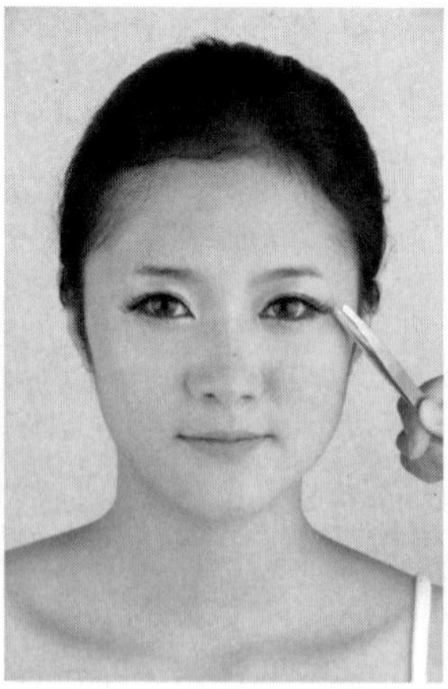

图 7-3-8　步骤八

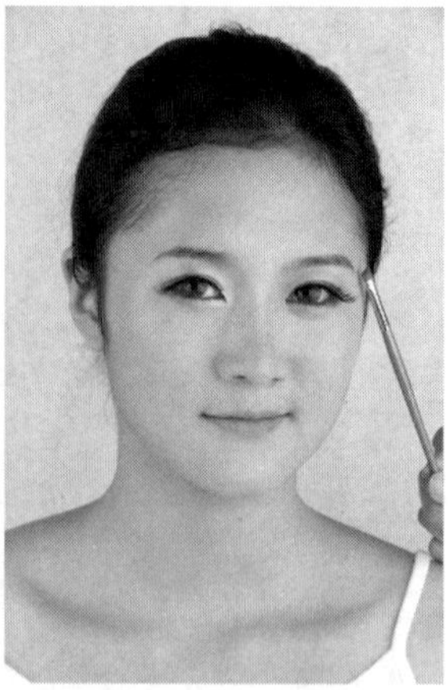

图 7-3-9　步骤九

11. 唇彩

使用橘色唇膏，从口裂处向外晕染。用纸巾吸去浮色后，再次用同色系珠光唇彩涂画（如图7—3—11/彩图193）。不强调唇线。

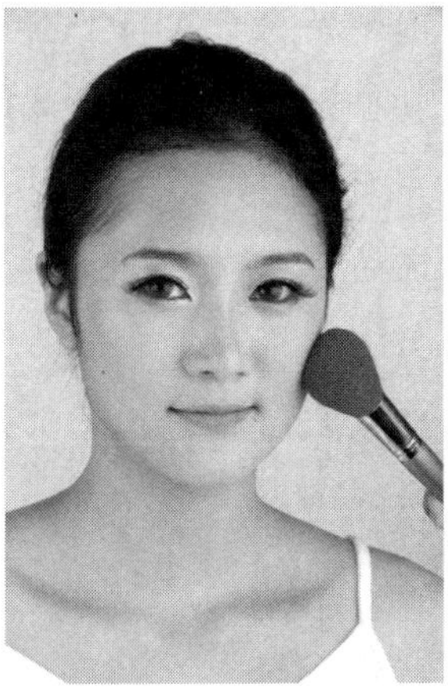

图7-3-10　步骤十

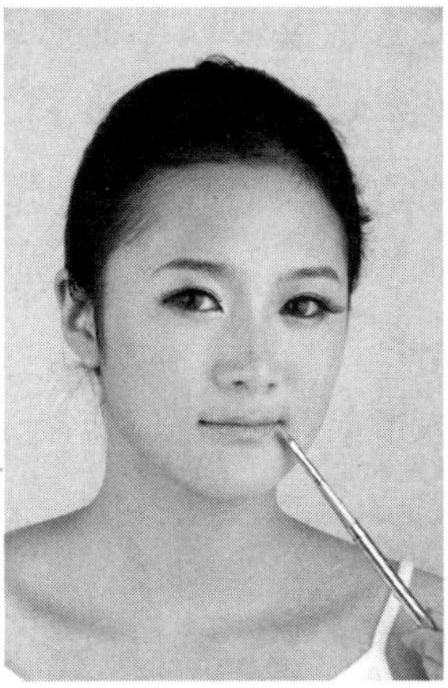

图7-3-11　步骤十一

三、发型设计

娱乐节目主持人需要依靠多变的造型来保持观众的关注度和新鲜感，其中发型是吸引观众视线的焦点。如果发型处理不当，无论是多么时尚的服装、多么精致的妆容都挽回不了对整体美感的破坏，从而使整个形象失去应有的魅力。一般来说发型要时尚、动感，但不能过于前卫、脱离主流，造型要便于操作、易于模仿，这样能给观众更多体验的乐趣和共鸣。

娱乐节目主持人发色通常以黑棕色为主，或者是含蓄的板栗色、酒红色或深紫色，发色不易过浅。常使用吹风、烫卷、编发的造型方式。一般不使用假发。

四、服装与配饰

娱乐节目主持人的着装要起到体现潮流、引导潮流的作用，所以服装应该是流行的，而且是主流的，不可过于另类，要满足大众的审美需求。

在服装款式的选择上，可以是职业风格，也可以是休闲风格；可以是复古风格，也可以是前卫风格；可以是浪漫风格，也可以是民族风格。还可以不拘泥于某一种风格样式，而体现出不同风格元素的混搭。

在服装色彩上，娱乐节目主持人也没有固定的模式要求，可以充分发挥自己的搭配能力。无论是大气经典的黑与白、鲜艳刺激的撞色组合，还是酷劲十足的金属色泽，只要符合风格的整体感觉、搭配协调，都是一种美的体现。

在配饰方面，同样也体现了多样化。项链、耳环、手链、帽子、头巾、腰饰等，与时尚有关的配饰均可用上。但需注意的是，饰品使用越多，越要注意它们之间的搭配性。

娱乐节目女主持人形象效果如图 7—3—12/彩图 194 所示。

图 7-3-12 娱乐节目女主持人形象效果

五、娱乐节目男主持人的形象要点

娱乐节目的男主持人在化妆时，以突出亲和形象为主，化妆重点在于干净的皮肤、清晰的五官和轮廓，主要通过修剪眉形、均匀肤色、强化结构、滋润嘴唇来实现。但某些时候也可有所突破，采用更多的化妆手段，使妆感略微明显于其他类型的男主持妆容。比如眼线的描画、眉形的设计和骨骼结构的塑造等。

娱乐节目男主持的发色应以黑棕色为主，可以适当漂染，但发色不宜过浅。发型要符合时尚要求，可做适当的造型。

娱乐节目男主持人形象效果如图 7—3—13/彩图 195 所示。

图 7－3－13　娱乐节目男主持人形象效果

第四节　综艺晚会节目主持人的造型设计

综艺晚会节目的内容、形式丰富，包括音乐盛会、影视颁奖晚会、节日晚会、大型文艺演出等，拥有电视节目中最广泛的受众群。综艺晚会节目主持人的造型设计也是综合的艺术：既要考虑舞台效果，又要考虑电视转播；既要考虑年轻人的审美，又要考虑年长者的喜好；无论是阳春白雪还是下里巴人，都能喜闻乐见。总而言之，综艺晚会节目主持人的造型重点就是隆重、华丽、略带夸张，要符合最主流的审美。

一、综艺晚会节目主持人化妆的特点

1. 妆容浓淡得当

综艺晚会节目主持人的妆容要考虑现场和转播的双重效果，既不能过于清淡、又不能过于浓重。底妆要比一般节目主持人略厚，五官的描画相对更清晰、明显。

2. 妆色与服装色协调、统一

妆色方面，一般眼影色应与礼服色统一，腮红色、唇色相对浓郁并与礼服色彩稳定在一个冷暖色调。配合黑色礼服时，通常不强调眼影色，而突出眼线的形状和饱满的唇形。另外，某些时候为了造成华丽的视觉效果，眼影色也可能与服装色差别较大，甚至运用对比色来表现。

3. 强调面部结构

综艺晚会节目主持人的第一观众就是现场观众，较远的距离，就要求有明显的面部结构。其次，综艺晚会节目的拍摄，各种景别均会出现，镜头也不会一直照顾主持人，为了使五官突出，面部的立体感也需增强。所以在化妆时，要利用高光和阴影适当强调面部结构、增加面部的立体感。

二、综艺晚会节目主持人化妆的操作步骤

1. 妆前的清洁、补水、护肤

综艺晚会的录制时间一般比较长，加上舞台上强烈的灯光，容易出现脱妆、融妆现象，所以妆前要注意补水护肤（如图 7—4—1/彩图 196）。

2. 妆前的观察、调整

化妆前看眉形、双眼皮是否需要调整，清除杂眉（如图 7—4—2/彩图 197）。如果主持人的眼形不够理想，可使用美目贴。

3. 粉底与遮瑕

使用遮盖性强、持妆时间长的粉底膏，选择与肤色接近的暖色调，借助海绵，从脸颊向四周均匀地涂擦于面部，均匀肤色、遮盖毛孔和细纹。

打底之后，可用遮瑕膏施打在内轮廓进行遮瑕，同时起到提亮作用（如图7—4—3/彩图198）。但遮瑕膏的使用，需注意与粉底的过渡。

4. 高光与阴影

高光集中在T区、下巴、嘴角、眼下施打。阴影色主要分布于鼻翼两侧、两下颌角和发髻线周围，男主持还可以增加颧骨下陷处的阴影（如图7—4—4/彩图199）。

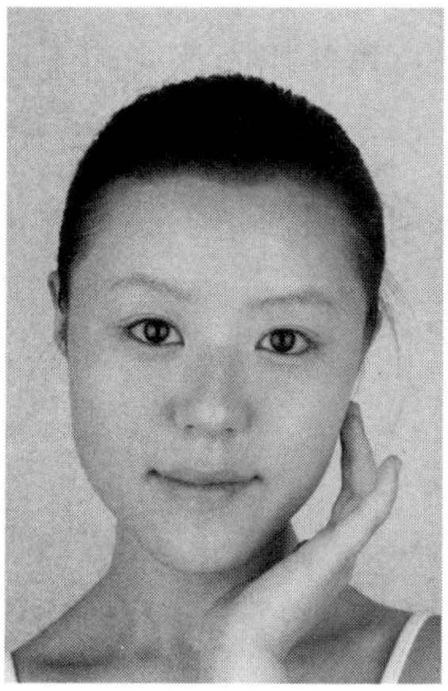

图7-4-1 步骤一

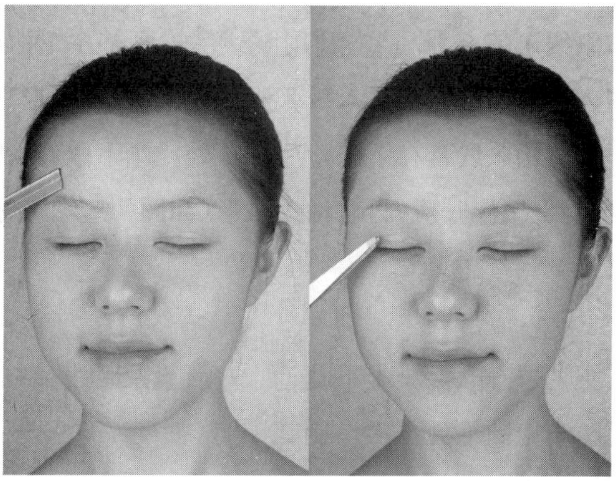

图7-4-2 步骤二

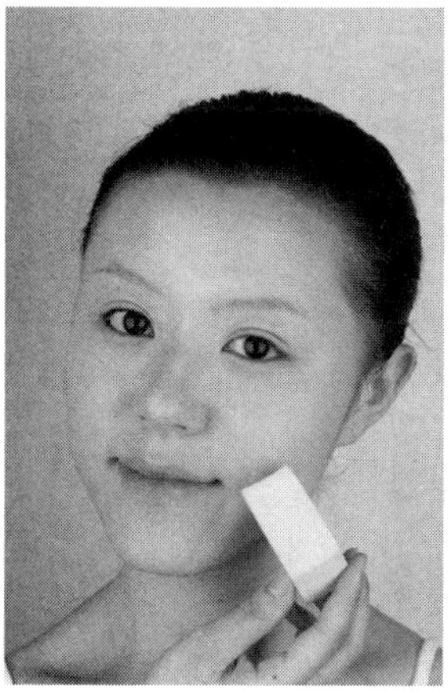

图7-4-3 步骤三

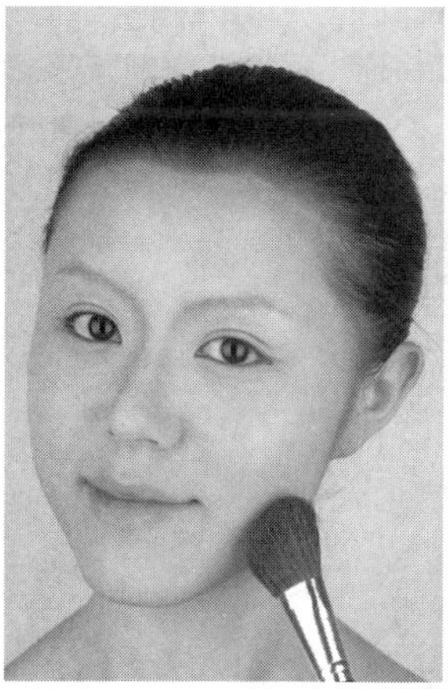

图7-4-4 步骤四

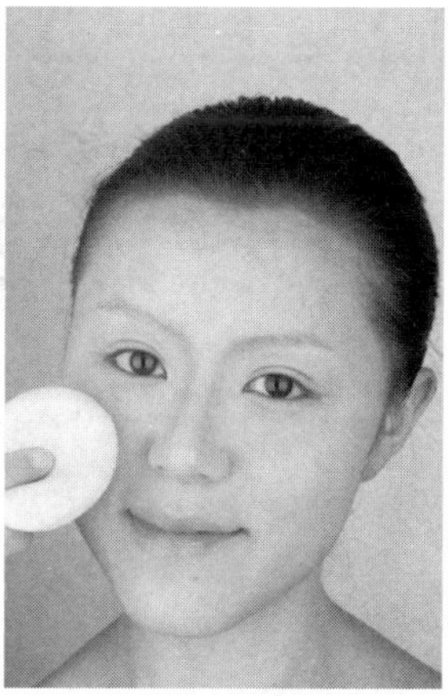

图7-4-5 步骤五

5. 定妆

先用粉扑按压在易出油的内轮廓，再用清扫刷扫掉面部乳粉，使底妆更服贴、持久（如图 7—4—5/彩图 200）。

6. 眼影

选择淡紫色珠光眼影，采用倒勾方式涂染，并在眼头增加高珠光亮粉，增加眼部的明亮度和华丽感（如图 7—4—6/彩图 201）。也可采用瞳孔描画法，将亮粉加于上眼睑中部。

7. 眼线

眼线可以夸张一些，利用眼线笔描画基本型眼线，再使用眼线膏将上眼线加粗，根据需要调整眼形，扩张眼部轮廓、修饰眼形。

然后用眼线膏在下眼睑后 1/3 处描画下眼线，再利用眼影把下眼线外边缘晕开，与上眼影呼应，再次增大眼形（如图 7—4—7/彩图 202）。

8. 睫毛

夹弯、梳顺，涂染上下睫毛。然后紧贴眼线，粘贴略微夸张的纤长浓密型假睫毛。于上睫毛处再次涂刷睫毛膏（如图 7—4—8/彩图 203）。不可使用彩色睫毛。

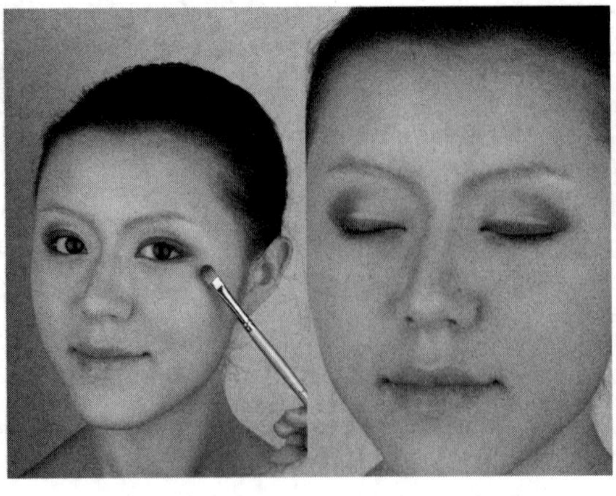

图 7－4－6　步骤六

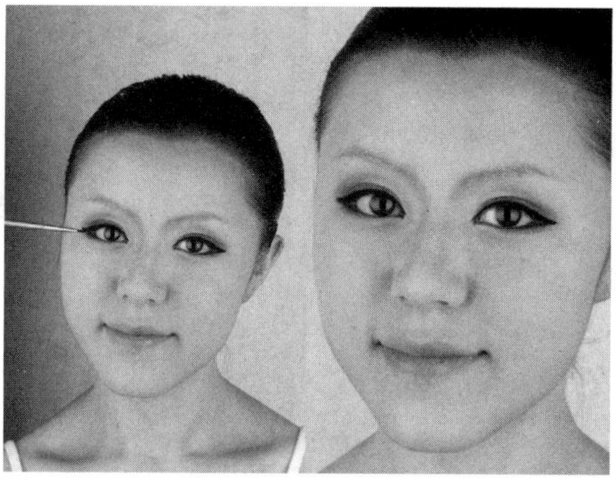

图 7－4－7　步骤七

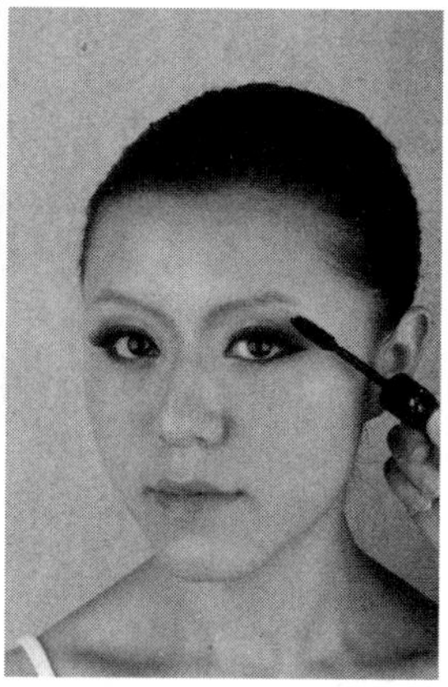

图 7－4－8　步骤八

9. 眉

眉毛可以适当突出，选择较弯曲、有上挑趋势的眉形，色彩可以偏重一些。先用眉粉烘托色调，再用眉笔局部补充眉形(如图 7—4—9/彩图 204)。

10. 腮红

腮红采用带有珠光、色泽饱满艳丽的珊瑚粉色，强调凹凸结构，塑造脸部立体效果(如图 7—4—10/彩图 205)。

11. 唇彩

用唇线笔调整唇形，使唇形饱满，选择与腮红相对应的艳丽色彩，填满唇形(如图 7—4—11/彩图 206)。可选择珠光唇膏增加唇部立体感，但不宜过于油亮。

12. 身体修饰

由于综艺晚会节目主持人多穿着各式礼服，脖颈及臂膀会裸露较多，所以要注意面部色彩与身体的衔接。可以用海绵涂上比底色略深一度的色彩，再扑上定妆粉或珠光亮粉，使面部与颈部的色调和谐一致。

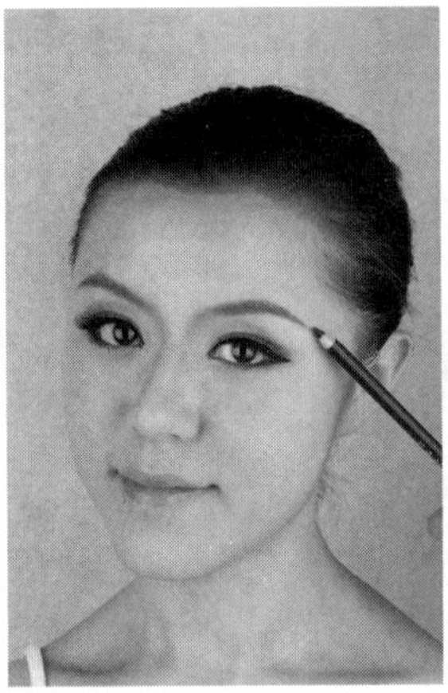
图 7－4－9　步骤九

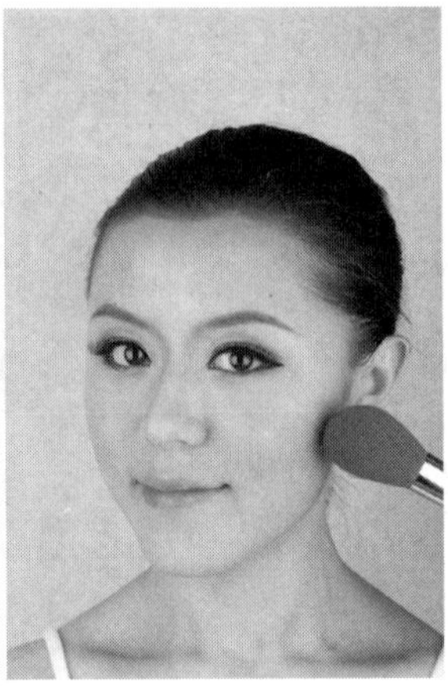
图 7－4－10　步骤十

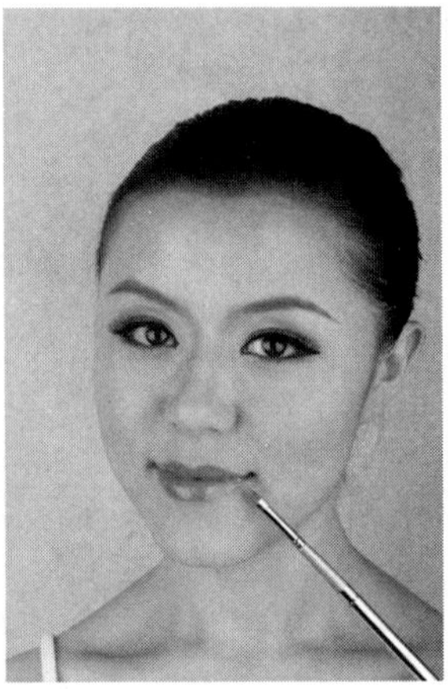
图 7－4－11　步骤十一

三、发型设计

综艺晚会节目主持人需要隆重、华丽的整体感觉，一般多以卷发或蓬松的盘发造型出现，更显端庄、温婉的女性形象，也符合大众的审美眼光。发色方面通常以黑棕色为主，或者是含蓄的板栗色或酒红色，发色不易过浅。常使用吹风、烫卷、编发相组合的造型方式。

四、服装与配饰

由于是晚会性质，所以主持人的服装也应典雅庄重。女主持人可穿着各种华丽的晚礼服，男主持人多穿着套装礼服。一般服装款式以古典风格、浪漫风格为主，但在某些传统节日的晚会里，主持人也常选择民族风格的服装，如旗袍和唐装，以此来应时应景。在面料的选择上，可以用反光或闪光的材质，来体现晚会辉煌灿烂的气势、迎合众星云集的现场气氛。

在服装色彩上，综艺晚会节目主持人没有固定的要求，但礼服大多色彩统一，以体现庄重大气的形象。另外，综艺晚会节目讲究男女主持的协调搭配，所以男女主持的服装色彩应相互呼应和衬托。

在配饰方面，注重饰品的质感，体现华丽高贵的感觉，多采用金属饰品、丝质饰品、珍珠饰品等。饰品贵精而不贵多，强调饰品的搭配。

综艺晚会节目女主持人形象效果如图 7—4—12/彩图 207 所示。

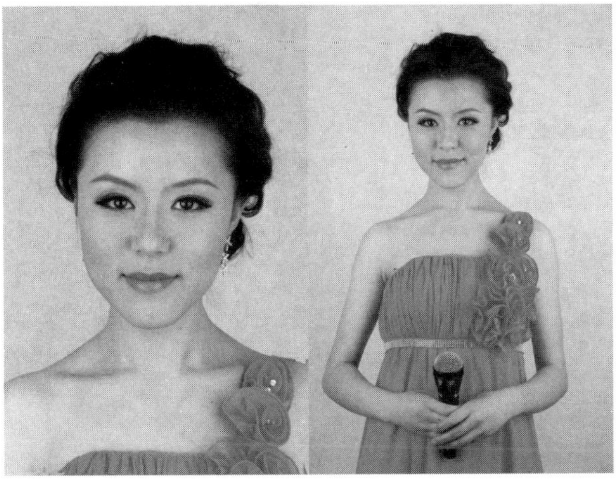

图 7-4-12 综艺晚会节目女主持人形象效果

五、综艺晚会节目男主持人的形象要点

综艺晚会节目的男主持人在化妆时，应突出庄重感和男性气度。化妆重点在于健康的皮肤质感、清晰的轮廓、挺拔的鼻梁、浓密的眉毛和丰厚的嘴唇，以体现本人特有的气质。粉底选择与肤色接近或深一度的粉底膏，定妆要轻薄，利用高光和阴影着重强化结构，进行眉形的梳理和填充，最后用润唇膏滋润嘴唇。

综艺晚会节目男主持的发色应该以黑棕色为主，可以适当漂染，但发色不宜过浅。多采用吹风方法得到蓬松饱满的头型。

服装方面，以正式的深色西装为主，大型、隆重的晚会可穿着礼服套装或燕尾服。光泽感面料或丝绒面料都会增加男主持形象的华丽感。通常利用服装镶嵌一两件工艺考究的闪光饰品画龙点睛。

综艺晚会节目男主持人形象效果如图 7—4—13/彩图 208 所示。

图 7－4－13　综艺晚会节目男主持人形象效果

第五节　少儿节目主持人的造型设计

少儿节目的主要受众是青少年、儿童及幼儿，主持人通常青春洋溢、活泼可爱，甚至带有一些稚气，所以在整体造型上，也应延续这种风格，不可采用成人化的化妆方式和刻板保守的发型、服装。

一、少儿节目主持人化妆的特点

1. 妆容色彩鲜艳亮丽

整体妆容可配合服装采用鲜艳的色彩。眼影色变化丰富，无论是明黄、粉绿、天蓝、桃红，或是这些颜色的组合，都可以给人带来天真烂漫、五彩缤纷的童年感受。眉毛多使用浅棕色眉粉烘托柔和色调，不必强调轮廓。腮红色和唇色常采用含有珠光的粉嫩色调，以此来突显主持人的圆润脸庞和健康肤色。

2. 采用浓密型的假睫毛

少儿节目主持人要塑造娃娃般的可爱形象，少不了忽闪忽闪的大眼睛，而浓密型的睫毛不仅可以扩大眼形，还可以增加眼神的灵动。但浓密型的假睫毛不可太长，否则会使眼形上扬、眼神犀利，失去了孩子般的纯真感觉。

3. 不强调面部结构

强调面部骨骼和立体感，会使形象看起来理性、成熟，这与少儿节目主持人活泼、稚气的风格不符。所以在化妆时要突出面部的柔和圆润，一般不使用高光和阴影。

二、少儿节目主持人化妆的操作步骤

1. 妆前的清洁、补水、护肤

少儿栏目主持人的活动量较大，所以妆前要注意补水、护肤，防止脱妆（如图 7—5—1/彩图 209）。

2. 妆前的观察、调整

化妆前看眉形、双眼皮是否需要调整，清除杂眉（如图 7—5—2/彩图 210）。如果主持人的眼形不够理想，可使用美目贴。

3. 粉底与遮瑕

先选择质地轻薄的半透明粉底液，利用海绵由中心向四周均匀地涂擦于面部，均匀肤色。再用遮瑕膏将黑眼圈或内轮廓中的瑕疵薄薄地遮盖（如图 7—5—3/彩图 211）。

4. 定妆

先用带有散粉的粉扑按压在 T 区、下巴、嘴角、眼下，再用散粉刷轻轻地带过整个面部（如图 7—5—4/彩图 212）。

图 7-5-1　步骤一

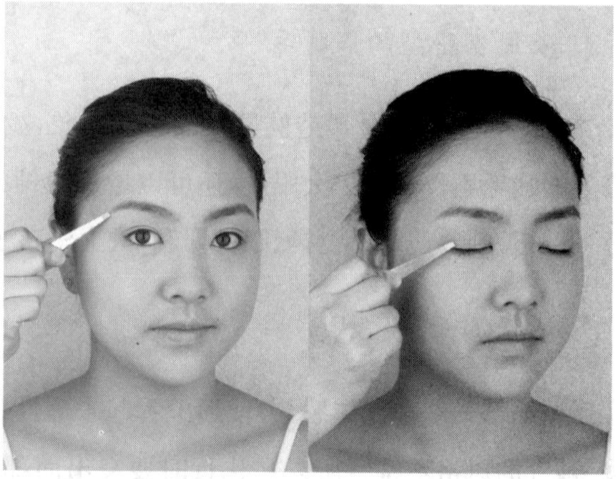

图 7-5-2　步骤二

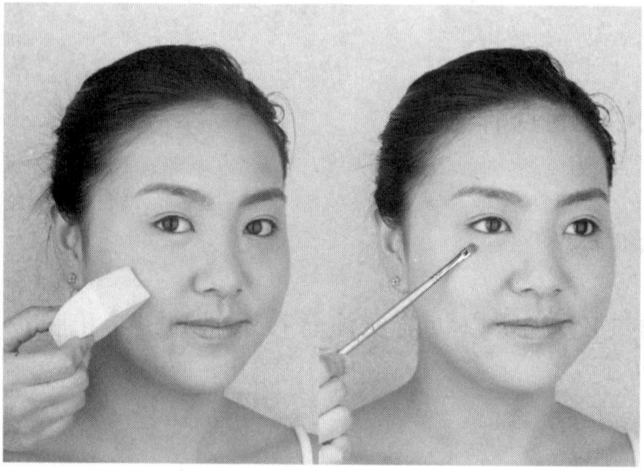

图 7-5-3　步骤三

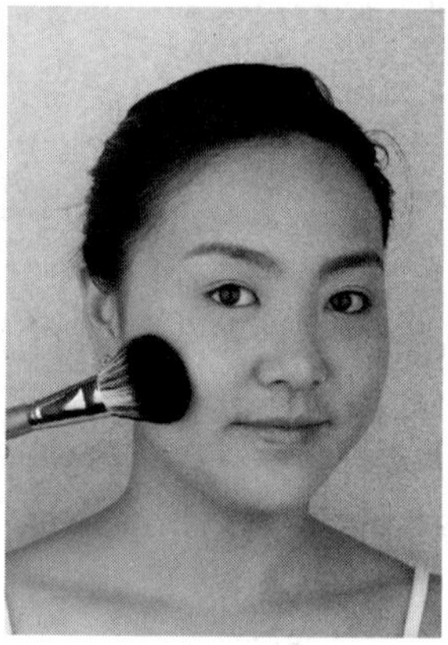

图 7-5-4　步骤四

5. 眼影

一般根据服装色选择明黄、粉绿、天蓝、桃红等明亮色彩，使用平涂或倒勾的方式涂染。也可以使用两种色彩过渡。

可以先选用明黄色从内眼角做倒勾，再选用桃红色从外眼角做倒勾，最后将两色衔接均匀，使过渡自然，便可得到色感丰富的妆容效果（如图 7—5—5/彩图 213）。

6. 眼线

利用眼线笔描画基本型眼线，再用水溶眼线整体加粗，外眼角略微延长。再用眼线笔于后 1/3 处描画下眼线，得到清晰明显的眼部轮廓（如图 7—5—6/彩图 214）。

7. 睫毛

夹弯、梳顺，涂染上下睫毛。然后紧贴眼线，粘贴浓密型假睫毛。于上睫毛处再次涂刷睫毛膏（如图 7—5—7/彩图 215）。

8. 眉

使用淡棕色眉粉修饰眉毛，眉形不可过弯过细，要弯度适中、蓬松自然，否则会增加年龄感（如图 7—5—8/彩图 216）。

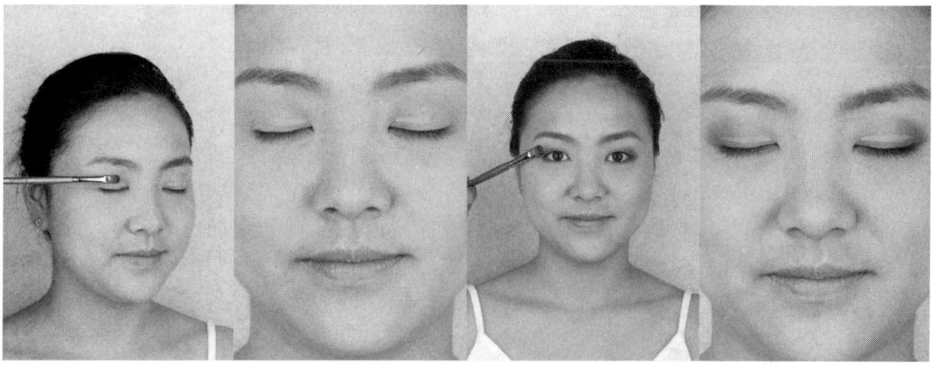

图 7－5－5　步骤五

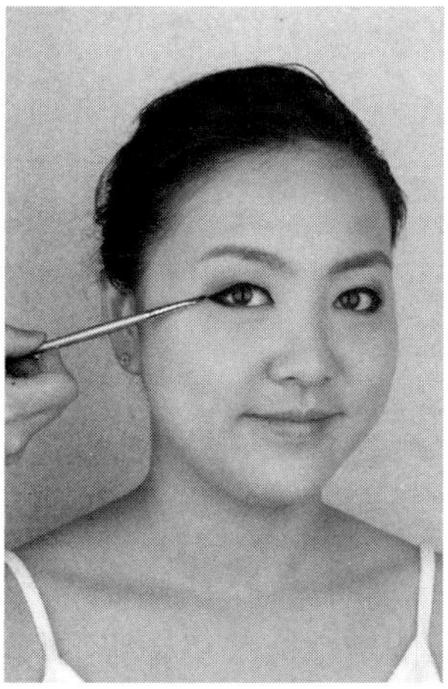

图 7－5－6　步骤六

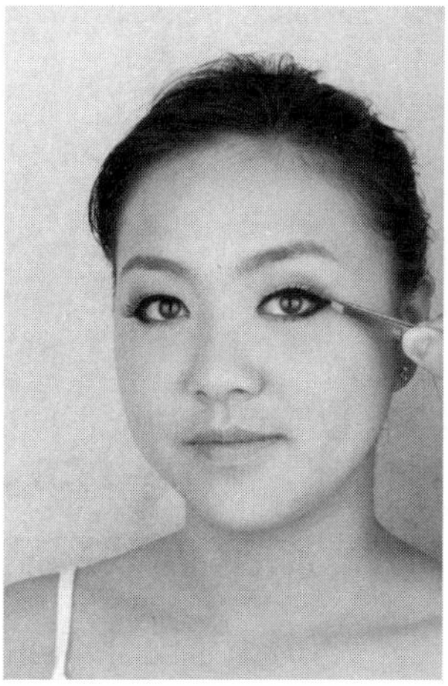

图 7－5－7　步骤七

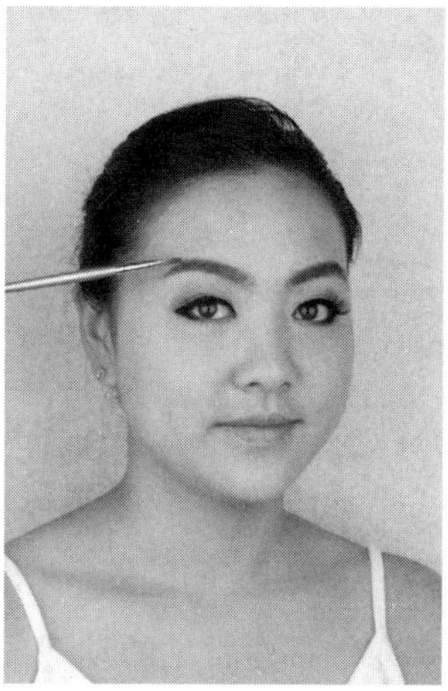

图 7－5－8　步骤八

9. 腮红

采用肌肉打法，小面积晕染，把颜色着重放在笑肌上，不需向颧骨上方延伸（如图 7—5—9/彩图 217）。

10. 唇彩

使用粉嫩色系的唇膏，从口裂处向外晕染，使唇峰圆滑，不强调唇线。一遍后，用纸巾吸去浮色，再次用同色系或透明的珠光唇彩涂画（如图 7—5—10/彩图 218）。

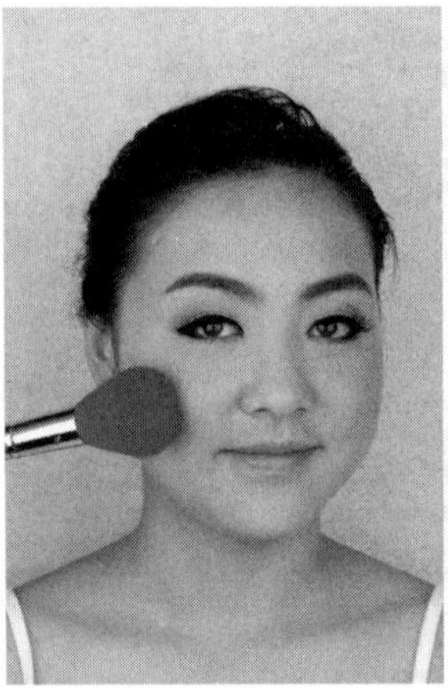

图 7-5-9　步骤九

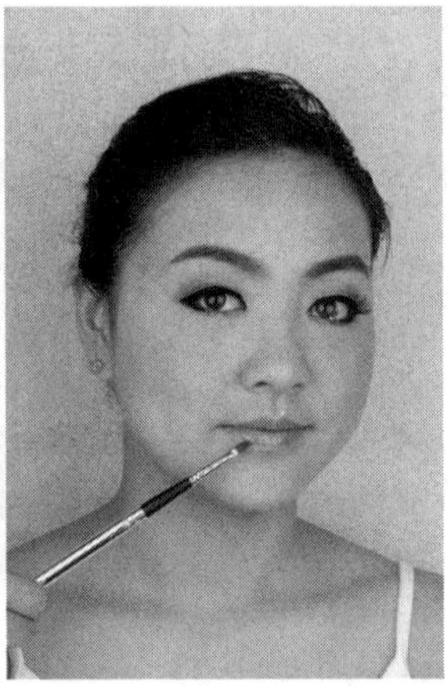

图 7-5-10　步骤十

三、发型设计

少儿节目主持人形象很多是以童话人物或不同的造型出现，可能会夸张，也可能活泼随意，这要具体造型具体分析。一般来说发型要活泼、跳跃，乖巧的“娃娃头”、甜美的编发、俏皮的马尾和高发髻、可爱的卷发配合各式各样的发带和蝴蝶结都是常见的发型。当然，有时为了配合不同的情境也会采用夸张的假发。发色方面通常以黑色为主，或者是自然的黑棕色或板栗色，使用假发时也会有艳丽的发色。常使用吹风、烫卷、编发的造型方式。

四、服装与配饰

少儿节目主持人的着装也随节目情境的不同而不同，总体原则是为少年儿童树立正确的审美典范。

一般来讲，青少年节目多选择休闲运动风格或学院风格的服装。各式各样的T恤衫、牛仔裤、短裙、运动套装或者是白衬衫、藏青裙、V领毛背心搭配领花和领带，都能给小观众们带来接近感。而儿童或幼儿节目的主持人着装则更为夸张，色彩鲜艳的蓬蓬短裙配合巨大的蝴蝶结，不对称的撞色衬衫搭配背带裤，以吸引小朋友容易分散的注意力。儿童节目主持人还经常扮演成各种角色，如“金龟子”、“毛毛虫”、“喜羊羊”、“灰太狼”等，也都是出于这个原因。那么此时的主持人着装，就要尽量接近于所扮演的卡通角色。

在色彩上，少儿节目主持人可以充分发挥自己的想象，把鲜艳、冲突的颜色运用到一起。如红配绿、蓝配橙、黄配紫，整体给人以活泼明亮、充满朝气的感觉。而黑、灰、棕等暗色服装，容易使少儿节目主持人显得老气横秋，因此不常选择。

在配饰方面，少儿节目主持人常选择明显夸张的饰品，如奇特的帽子、夸张的眼镜、鲜艳的花环等，有时候这些饰品还可以充当道具来使用，丰富了节目的可看性和趣味性。

总之，少儿节目主持人的形象应该为少年儿童树立正确的审美典范，不可过于另类、偏离主流。

少儿节目女主持人形象效果如图7—5—11/彩图219所示。

图7-5-11　少儿节目女主持人形象效果

五、少儿节目男主持人的形象要点

少儿栏目的男主持人在化妆时，应该主要突出亲和力，化妆重点在于干净的皮肤和清晰的五官。所以只需把眉形修剪整齐，用接近肤色的粉底液均匀面部皮肤，润唇膏滋润嘴唇即可。若眼睛缺乏神采，可用眼线笔描画清淡的内眼线。

少儿节目男主持人的发色以自然的黑棕色为主，不宜漂染发色；发型也应简洁、明快，只做简单的修饰。若扮演卡通人物，使用鲜艳的假发则另当别论。

少儿节目男主持人形象效果如图 7—5—12/彩图 220 所示。

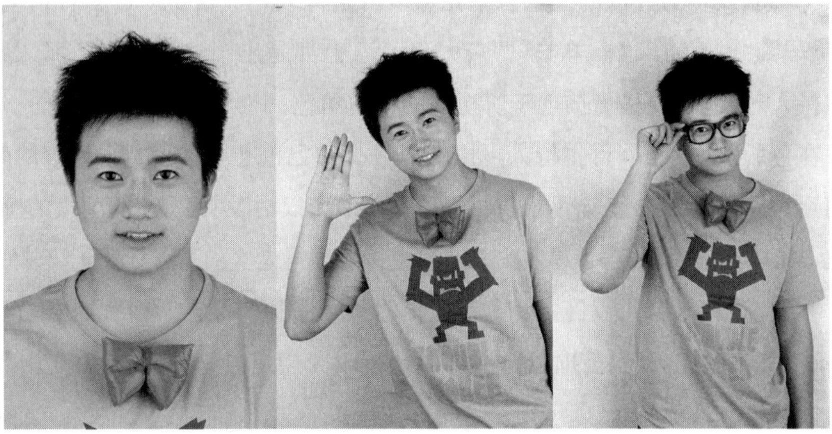

图 7-5-12　少儿节目男主持人形象效果

参考文献

黄幼民、张卓:《主持人形象塑造》,华中科技大学出版社 2006 年版。

李元授、廖声武:《节目主持人概论》,华中科技大学出版社 2005 年版。

应天常:《节目主持人通论》,武汉大学出版社 2007 年版。

蒋育秀:《主持人形象塑造艺术》,中国广播电视出版社 2003 年版。

郭书义:《自我形象设计:实用化妆造型艺术》,中国民族摄影艺术出版社 2006 年版。

〔韩〕崔京源:《红色范思哲灰色阿玛尼:跟大师学色彩搭配》,傅文慧 译,中国纺织出版社 2009 年版。

徐宏力、关志坤:《服装美学教程》,中国纺织出版社 2007 年版。

余强:《服装设计概论》,西南师范大学出版社 2008 年版。

王晓威:《服装色彩鉴赏》,中国轻工业出版社 2010 年版。

宋瑞波、李莹:《全新时装设计手册色彩款式搭配篇》,中国青年出版社 2010 年版。

黄元庆等:《服装色彩学》,中国纺织出版社 2004 年版。

马腾文、殷广胜:《服装材料》,化学工业出版社 2007 年版。

邬红芳、杨莉等:《服装材料学》,合肥工业大学出版社 2010 年版。

后　记

这些年，我一直从事形象设计专业的教学工作，同时担任播音与主持专业的化妆课程。从教学方法、考核方式的转变到整个课程设置的改革，我在教学中进行了各种尝试，以期学生学有所得、学以致用。随着教学工作的不断深入，我对形象设计工作的热爱与日俱增，希望和读者分享自己这些年在工作中的实践经验。

为突出知识的应用性、针对性和技能的可操作性，在编写本书的两年时间中，我进行了大量的资料搜集工作，绘制了大量手稿，拍摄了大量图片。在此，我要感谢化妆助理孙阳阳、孟晓晓、陈肖桦、李君，感谢肖爱荟和郭珍的手绘插图，感谢郝杰和袁勋的协助拍摄，当然还要感谢我美丽的模特们。

最后，希望各位专家和读者能够提出宝贵意见，以便我不断改进工作，再次真诚致谢！

白雪

2013 年 2 月

图书在版编目(CIP)数据

播音员主持人化妆造型/白雪编著. -- 北京:中国传媒大学出版社,2013. 6（2025.6重印）
ISBN 978-7-5657-0612-7

Ⅰ.①播… Ⅱ.①白… Ⅲ.①播音员—化妆—造型设计 ②主持人—化妆—造型设计
Ⅳ.①TS974.1

中国版本图书馆 CIP 数据核字（2012）第 255242 号

播音员主持人化妆造型
BOYINYUAN ZHUCHIREN HUAZHUANG ZAOXING

编　　著　白　雪
责任编辑　李艳华
封面制作　钟雪亮
责任印制　李志鹏

出版发行　中国传媒大学出版社
社　　址　北京市朝阳区定福庄东街 1 号　　邮　　编　100024
电　　话　86-10-65450528　65450532　　传　　真　65779405
网　　址　http://cucp. cuc. edu. cn
经　　销　全国新华书店

印　　刷　三河市东方印刷有限公司
开　　本　787mm×1092mm　1/16
印　　张　黑白10.75　彩插1.5
字　　数　206 千字
版　　次　2013 年 6 月第 1 版
印　　次　2025 年 6 月第12次印刷

书　　号　ISBN 978-7-5657-0612-7　　定　　价　35.00 元

本社法律顾问:北京嘉润律师事务所　郭建平